服装设计：
美国课堂教学实录
FASHION DESIGN:
PROCESS & PRACTICE

张玲 著
ZHANG LING

中国纺织出版社

内 容 提 要

本书以美国服装设计教学为主线将内容分为两大部分。第一部分结合作者工作中积累的大量图片和设计实例，按照服装设计的过程系统讲述服装设计所需要掌握的设计元素，并以作者自身对设计的理解从全方位解读服装设计。第二部分在详细介绍设计制作过程中穿插了美国服装设计本科及研究生的课程设置、教学方法及课堂活动。本书是国内为数不多的包括设计制作过程的一本设计书籍。作者在中美文化的撞击中不断寻找设计的定位和自我风格的设立，给国内的服装教学及学习带来了一种全新的概念，对热爱服装设计的业余人士及在校学生起到借鉴和指导作用。

图书在版编目（CIP）数据

服装设计：美国课堂教学实录 / 张玲著. —北京：中国纺织出版社，2011.9 （2014.8 重印）
ISBN 978-7-5064-7633-1
Ⅰ.①服… Ⅱ.①张… Ⅲ.①服装设计—教学研究—美国 Ⅳ.①TS941.2-42
中国版本图书馆CIP数据核字（2011）第124625号

策划编辑：杨 勇　　责任编辑：张 程　　责任校对：楼旭红
责任设计：何 建　　责任印制：陈 涛

中国纺织出版社出版发行
地址：北京市朝阳区百子湾东里A407号楼　邮政编码：100124
邮购电话：010—67004422　传真：010—87155801
http://www.c-textilep.com
E-mail:faxing@c-textilep.com
中国纺织出版社天猫旗舰店
官方微博：http://weibo.com/2119887771
天津市光明印务有限公司印刷　各地新华书店经销
2011年9月第1版　2014年8月第2次印刷
开本：889×1194　1/16　印张：9.75
字数：98千字　定价：49.80元

凡购本书，如有缺页、倒页、脱页，由本社图书营销中心调换

序 I

初识张玲是在1998年我担任主讲教师的清华大学美术学院服装专业考前班。几次课之后，很快她便在班上脱颖而出，每次挑出的优秀作业中都会有她的作品。1999年我又见到了即将参加高考的她。那次她拿了近百幅服装画作品让我讲评。从童装到女装，甚至舞台服装，内容丰富，技法纯熟，创意新颖，可见在这一年当中她所付出的努力和对服装专业的热爱及极高的学习热情，使我对这位刻苦努力的学生留下了深刻的印象。后得知她以非常优异的成绩考入了北京服装学院服装系，为她高兴的同时，也预感到她日后一定可以在服装领域取得一些成绩。

再次见到张玲，是2010年5月。这次的她利用回国探亲的机会，带着她的一本关于《服装设计：美国课堂教学实录》的书稿出现在我的办公室，请我为她的书写序。在交谈中，我欣喜地得知从北服毕业之后，她获得了美国爱荷华州立大学的全额奖学金，远赴美国攻读硕士学位。在此期间，她的多件设计作品获得了国际及美国国内设计大奖，如国际面料与服装协会颁发的年度唯一一个国际最佳环保服装奖。在硕士毕业前半年便被纽约一家跨国服装公司聘请为服装设计师，而能在世界时尚之都的纽约担任服装设计师几乎是所有学习服装专业学生的梦想。张玲凭着自己对服装事业的执著热爱和拼搏精神，把这一梦想变为现实。我为她取得的这些成绩而感到骄傲，也为她不断地学习和提高自己而欣慰。

美国的服装教育比中国早几十年，已经具有相当完善的教学系统和经验。教学中重视学生的创新和实际操作能力，尤其是美国综合类大学中的研究生和博士生的教学方式更是创新与应用相统一，并强调培养学生的独立研究能力。张玲的这本书在我们大力推进服装教学改革之际出版，给中国的服装教学提供了非常新鲜和实用的范例。从设计过程到教学方法、课程安排，再到学习体验、实际操作，我们可以看到国外服装教学与国内教学的不同之处，无论对教师还是对学生都会有一定的借鉴和指导作用。

能看到往日的学子取得今日的成绩，便是我们作为教师的最大安慰和快乐，也衷心祝愿张玲在未来的工作中取得更大的成绩。

北京服装学院院长 刘元风
2010年10月

Preface II

The study and practice of fashion has evolved tremendously over the past decade, with an increasingly systematic analysis of how designers think and how they incorporate research and process into studio practice. Fashion is of course a business, but one that relies on creativity.

When I first met Ling I was immediately impressed with her illustrations and creative ideas. In directing her Master's degree I found her always open to new ideas and approaches to the design process and to expanding her own creative and technical skills. Designers use various methods in their creative development, and in Ling's designs there exists a marvelous integration of both personal and cultural identity. These include direct visual references such as the use of digitally printed fabric from her father's beautiful illustration for Blooming Colors and incorporation of Beijing opera mask designs as an applied motif in Beijing Opera. Other personal references in her work, more challenging to translate visually, include a combination of Eastern and Western approaches, seen in The Days of My Past with her successful integration of origami, draping experiments and the playfulness of a remembered childhood. The award winning Fibonnaci Number in Apparel Design, creatively blends an analysis of geometry and visual balance with a unique selection of materials and techniques.

Ling's designs show an awareness of trends but are not necessarily dictated by them, allowing her to showcase her many creative skills. She was the first Iowa State University graduate student to have a student show in our recently opened gallery – a show that was an inspiration to the other students in the program.

Working with Ling was always a pleasure, and I learned much from our discussions and exchange of ideas. I look forward to seeing many more of her designs in the years to come and to a continued friendship. I am sure viewers of this book will be also inspired by her designs.

Jean L. Parsons
Professor of AESHM Department of Iowa State University
October 2010 at Ames, IA, USA

序 II
（译文）

在过去的十年中，服装设计发生了巨大的变化，对设计师如何构思以及如何把自己的理解和制作结合在一起的研究更加系统。时装已经不只是简单生产，更需要大量的创作灵感。

当我刚接触张玲的时候，我就感受到她旺盛的设计欲和创造力。在指导她硕士服装设计学习的过程中，她总是能吸收新鲜的灵感，运用到设计和制作之中，并从中领悟独特的技巧。设计师需要尝试不同的设计来形成自己的风格，张玲的设计总能够将中国的元素与自己的创新进行完美的结合。她用数码印染的技术将她父亲的国画直接表现在她的设计"繁花之色"（Blooming Colors）中。她的设计"京剧"（Beijing Opera）运用补缀的技术把京剧脸谱作为其时装的特有图案。在设计"童年"（The Days on My Past）中，她利用立体裁剪在服装上制造出折纸的效果，表现出独特的童趣。获奖作品费波纳奇数列与服装设计（Fibonacci Number in Fashion Design）成功地把服装结构与几何造型融合在一起，并采用面料改造的技术形成独特的表面纹理。

张玲总能够捕捉流行趋势，结合自己的风格做出极具创造性的作品。她是第一位在爱荷华州立大学的新展厅做毕业展的学生，为服装设计系的其他学生做出了榜样。

和张玲一起工作总是很愉快。与她进行对设计的探讨对我也很有帮助。我与她既是师生关系，也是朋友关系。我希望她能不断推出新的作品。我确信广大的读者也能从这本书中得到很多启发。

Jean L. Parsons
爱荷华州立大学，服饰教育与酒店管理系教授
2010年10月于美国爱荷华州，艾姆斯市

编者言

　　成为一名服装设计师是我从小的梦想。

　　如果说在北京服装学院的学习给予我扎实的基本功和系统的专业训练，对我的设计师之梦起到了启蒙的作用，那么在美国爱荷华州立大学研究生期间的学习则是对服装设计领悟上的升华和更深刻的研究。在不断地接受文化和理念上的冲击之后，那里很多不同于国内的教学方法、课程安排、课堂活动、学习理念是我就读期间所更多关注的内容，这也是我撰写本书的初衷。

　　美国综合类大学的服装设计专业研究生教育充分利用了综合性大学的教学优势，除本专业课程之外，还要研修统计、研究方法论、教学方法及若干系外其他专业的课程。学习内容丰富，所涉及的知识领域宽泛，这也为开拓设计思维起到了一定的辅助作用，使设计灵感拓展到生活、社会、自然及科学领域。不再拘泥于为"设计"而设计，而是为"兴趣"而设计，并从理性角度上分析设计。在读研的两年间，每一件作品对我来说都是一项有趣的"实验"，在实验过程中体会实现设计思想的乐趣。

　　本书共分为七章。前四章运用大量的照片和我在工作中积累的实例系统地讲述设计的要素。第四章到第七章通过四份课堂实录将设计要素运用到实际课题中，并向读者展示整个创作的思维过程。其中包括详细的课程内容以及我在完成课题过程中的设计感受，思维的转变以及整个制作的过程。本书是我对留美期间学习的一个总结，也希望通过本书，读者可以部分了解美国的教学及学习方法，并系统掌握各设计要素，通过实例理解要素的运用。

　　书中展示的作品均是我读研期间亲手制作的作品。设计和制作时间紧迫，难免有不尽如人意之处，望与广大读者进行交流。

张玲

于美国纽约

2011年5月

Sass&Bide London S/S 2011

目录

| 如何阅读本书 | 12 |

| **服装设计要素** | **14** |

第一章　研究/寻找灵感来源	**17**
开始研究	18
灵感来源与服装设计	26
色彩运用	31
面料	34

第二章　服装画	**37**
服装画人体	38
各种服装画之间的区别	42

第三章　面料	**51**
面料的分类	52
常用面料成分中英对照表	54
常用面料成分代码对照表	57
面料再造	60

Contents

美国课堂教学实录　　　65

第四章　打破对服装设计的固有认知　67

课程介绍	68
设计实例	71

第五章　科技与服装的完美结合　83

课程介绍	84
设计实例	88

第六章　创意服装设计　101

课程介绍	102
设计实例	106

第七章　高级系列服装设计　113

课程介绍	114
国际赛事介绍	146

附录　　148

美国服装与艺术类博物馆及网址	148
设计师及服装品牌网址	149
流行预测网址	149
时尚杂志及网址	150
国外服装院校及网址	151

后记　　152

11

如何阅读本书

　　本书不仅是一本详细的女装设计资料,还是了解美国服装设计教学及学习过程的指南。书中配以大量最新的图片资料和详细的实例操作过程,通过简单明了的文字将读者引入到服装设计的神秘殿堂。

　　本书分为七章:服装设计(14~61页)和美国课堂教学实录(62~145页)。书中部分重要词汇配以中英文双语对照,与国际接轨。在阅读之前了解"如何阅读本书"将帮助您更好地掌握书中精髓。

实例章节作品名称
作品名称均为英文名称

章节名称
每一章节有清晰的英文名称提示,方便读者迅速找到所要阅读的章节

课程要求
课程安排及内容要求

课题
涉及到具体课题的详细要求及提示内容

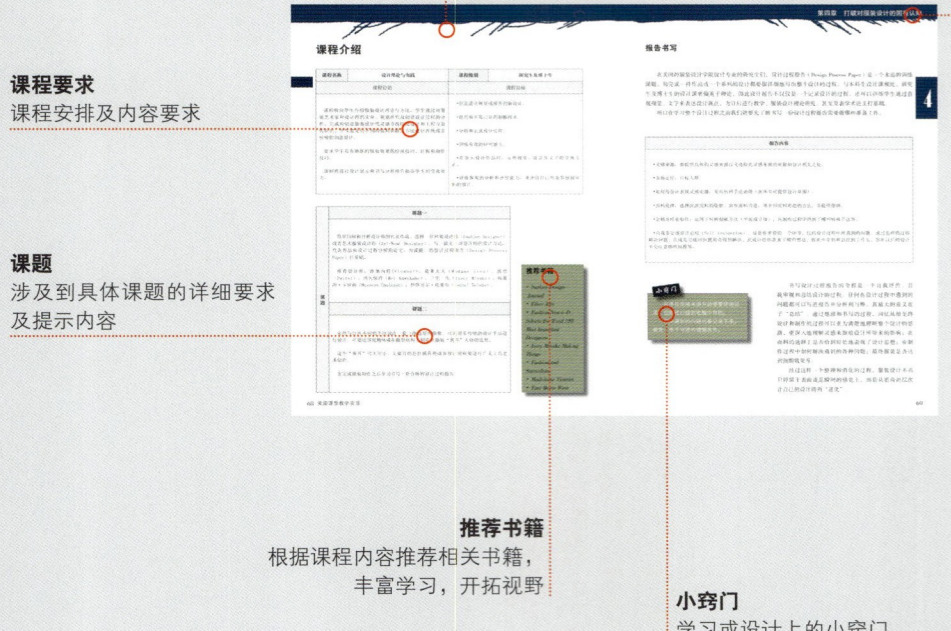

推荐书籍
根据课程内容推荐相关书籍,丰富学习,开拓视野

小窍门
学习或设计上的小窍门

颜色标识
定位章节,同时标识每一章节的起始页

章节提示
每一章节有不同的色彩和章节数提示,方便读者阅读

设计感悟
设计背后的故事和作者对设计的理解感悟

How to get the most out of this book

背景知识
背景知识介绍或课题相关知识介绍

页数及框架名称
数字为页数，右边文字为该页所属的大框架名称

页数
方便阅读定位

实例图片
书中收集列举大量实用设计素材及纽约设计公司第一手资料

内容讲解
简洁易懂的文字介绍，让读者更好地领悟书中内容

设计师发布会图片
所有举例图片均选取2010～2011年最新发布的著名设计师作品。在理解书中知识之余，欣赏优秀作品

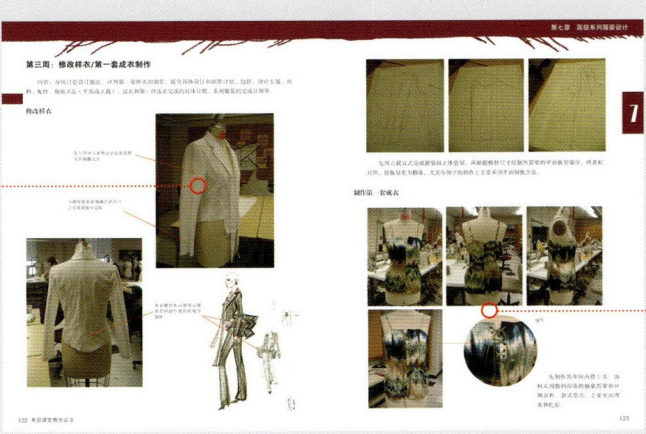

样衣制作
介绍课堂设计、制作过程以及修改意见

成衣完成图片
每一步都详细记录并介绍制作过程与心得体会

13

服装设计要素

第一章
研究/寻找灵感来源
(Research)

如果你已经决定努力成为一名服装设计师,或者已经开始了服装设计的学习,那么了解如何进行"研究"则是成为一名优秀设计师或者创造出优秀设计的前提。

1

开始研究（Start to Research）

"研究"（Research）一词可以理解为"调查"或"寻找灵感来源"。所有成功的设计都不是凭空想象出来的，都需要一定的根据和寻找灵感，通过各种渠道和感官的刺激，形成设计意识。

研究有两个大的方向

一、确定主题（Theme）。主题的确立可以是抽象的，也可以是具体的。在此基础之上寻找具体的灵感来源。

二、寻找可采用的材料：面料、配件、辅料、面料的改造等。不可先想当然的设计而造成找不到对应面料的状况。

研究途径

研究途径有多种。下面的表格清晰地列出研究的途径和优势。当然，获得灵感的渠道并不仅仅来源于以下五个方面，而是充斥在每天的生活中。

> **背景知识**
>
> "主题"和"标题"的区别
>
> 主题［英：主题（Theme）或标题（Concept）］，在参加服装大赛、完成课堂作业或进行系列设计时，都会先确定一个主题名称。围绕此主题进行系列创作。主题是一个大的设计框架。主题的存在可以将设计整合在一起，有连贯性和系列感，使设计师和观者有一个明确的着重点。
>
> 通常在参加比赛的时候，主题给出的是大的设计框架，具体到每个设计师的设计又可以有不同的标题（Title）。
>
> 在选择设计主题的时候要非常小心，一定要选取自己非常感兴趣的主题来开展设计，一个无法让你兴奋的主题是无法调动设计积极性和创作火花的。主题或标题名称的设定可以是抽象的感受，例如"困惑（Confusion）"，也可以非常具体，例如"沙漠（Desert）"。

途径	优势
网络	最简便且快捷的渠道。还可以利用网络得到最新的流行趋势、面料信息
图书馆	充分利用社区和学校图书馆的丰富馆藏来寻找灵感来源
旧货市场或跳蚤市场	旧的书籍、家具、饰品都会给你灵感的启发。一些看似过时的东西，经过修改、创新可以重新被利用，成为新的流行元素
博物馆	灵感的寻找是多角度的，不同的博物馆可以激发不同的创作灵感
商场	已在市场流通的好的服装设计作品也是激发创作灵感的来源

第一章 研究/寻找灵感来源

网络途径

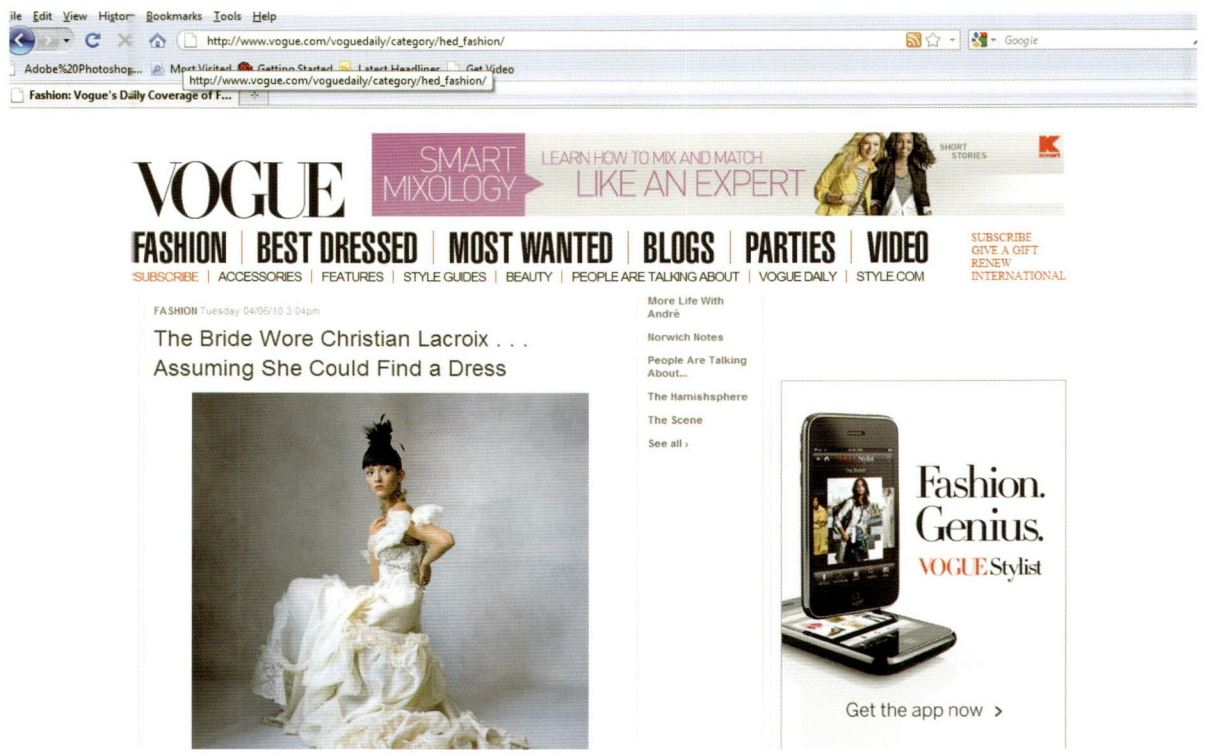

www.vogue.com

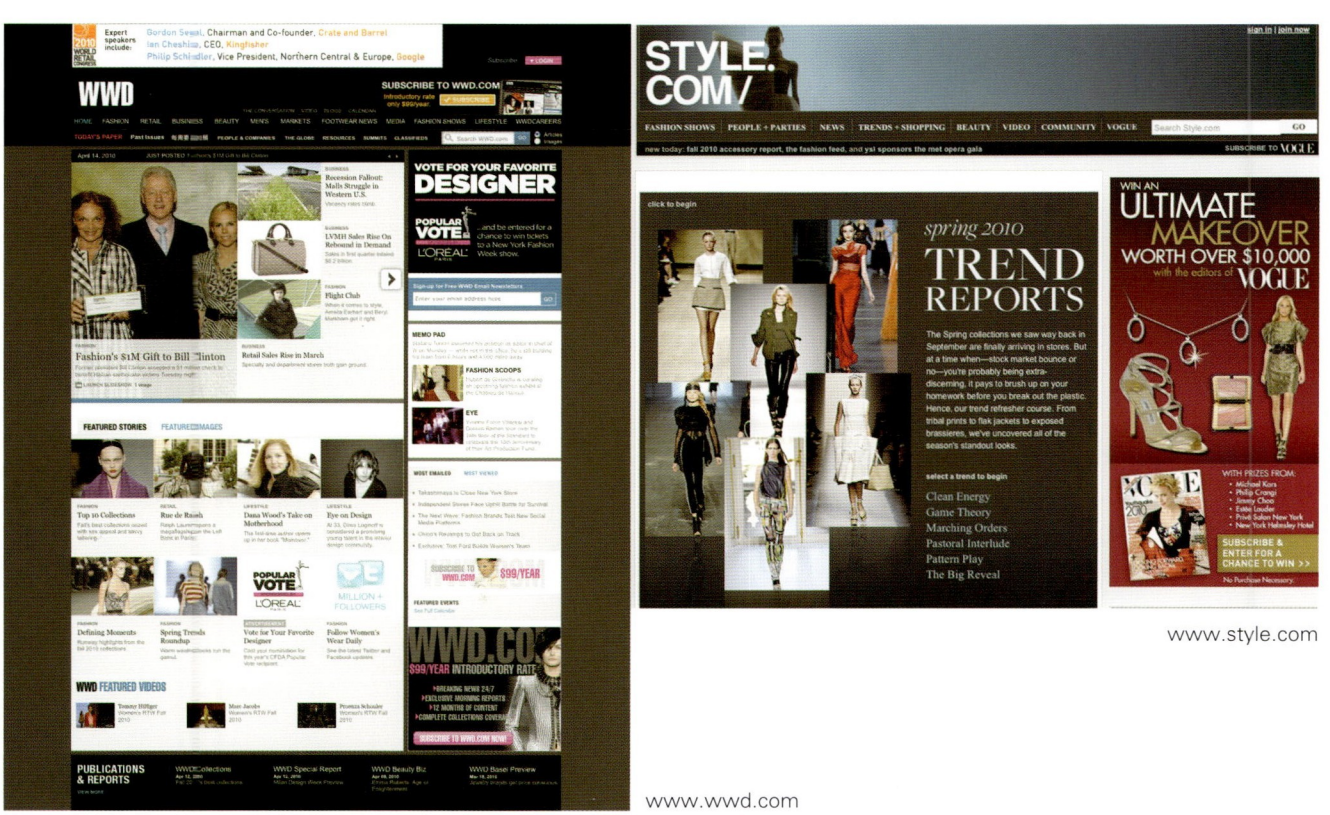

www.wwd.com　　　　　　　　　www.style.com

第一章 研究/寻找灵感来源

旧货市场/跳蚤市场

专卖店/商场/橱窗展示

纽约第五大道的橘滋（Juicy Couture）和香奈儿（Chanel）专卖店

纽约第五大道萨克斯（Saks Fifth Avenue）2010年5月的橱窗展示

小窍门

在设计和积累的过程中准备一本调研报告（Research Book）是非常必要的。

将平时收集到的图片、面料、照片，或任何自己感兴趣的东西按照主题分类。在课堂上将收集归类后的灵感来源向老师和同学展示，可以直观地说明灵感出处及对未来设计的想法。

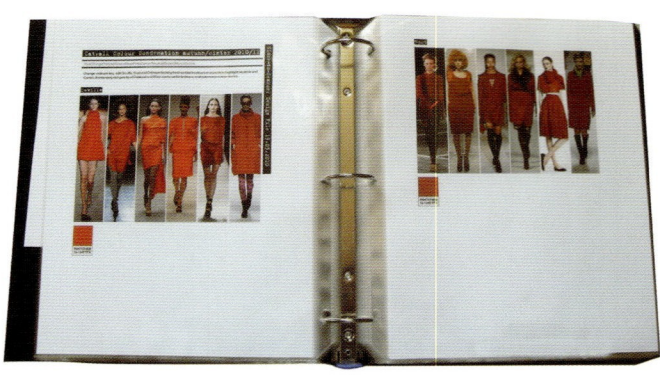

第一章 研究/寻找灵感来源

这里草图的绘制可以非常简单快速，甚至可以用支言片语来记录当时的感受，都会对设计有所帮助。

草图与资料集相结合

在寻找灵感的同时会有一些一闪而过的灵感出现在脑海中，及时用笔记录下来是一个很好的设计习惯。在调研报告图片旁边快速地记录下由此灵感激发出的设计想法或款式构思。不但可以丰富调研报告的内容，也可作为日后设计的参考。

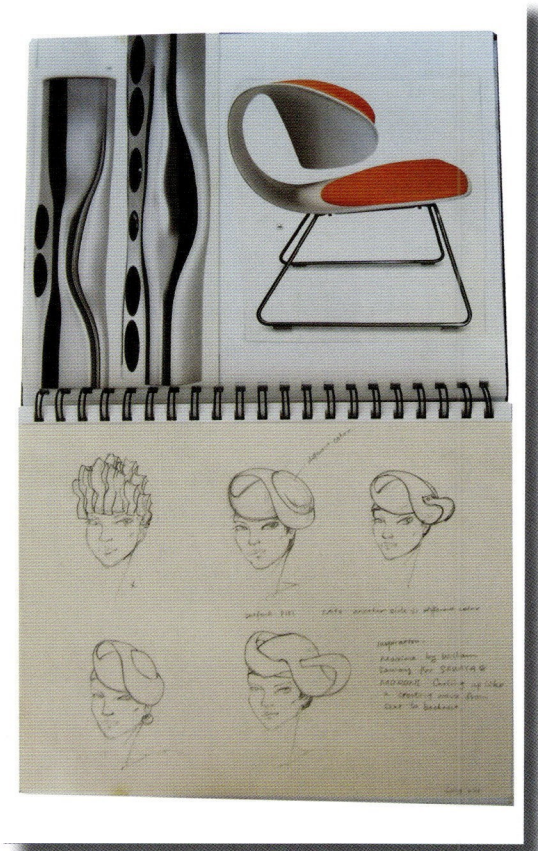

主题创意板（Mood Board）

"主题创意板"又可叫做"故事板"（Story Board），是资料集的一种视觉展示形式，且较为正式。在学校的学习中，主题创意板常作为学生作品的灵感来源展示板。在实际的设计工作中，它通常被设计师用来展示新一季产品的灵感、色彩、主题、流行趋势、面料等。设计师根据所展示的内容设定一个贴合主题的名称或简短的文字说明。

24 服装设计要素

第一章 研究/寻找灵感来源

以动物图案为主题。通过各服装种类展示动物图案在流行中的重要地位，以支持后面的设计观点

主题创意板要主题鲜明，将能明确说明主题的图片和色彩以富有创意的形式综合在一起，还可包括由此激发的创意草图、面料小样和流行色彩。不可任意罗列不必要的信息图片。主题创意板的目的是使观者能非常迅速地抓住你所要表达的主题思想。

以蕾丝为设计主体。突出女性唯美特征。实际设计以打印的蕾丝图案为主要面料，配以流行的军装元素

主要侧重色彩的展示。以灰色为主体色块，在局部配以鲜艳、跳跃的荧光水果色，突出体现动感、年轻的设计方向

灵感来源与服装设计

灵感来源的刺激是多方面的。要想成为一名成功的服装设计师,不但要对时尚、色彩和服装敏感,还要对各种艺术形式感兴趣,甚至热爱。音乐、建筑、历史、各国文化、少数民族传统文化以及服饰、宗教、绘画,甚至街边涂鸦都有可能成为你设计中的亮点。要善于将各种素材运用到设计当中,使你的设计充满创意和趣味。

费立塞提·布朗(Felicity Brown),伦敦时装展,S/S,2011

第一章 研究/寻找灵感来源

1991年瓦伦帝诺（Valentino）在庆祝30周年的秋冬发布会上，创作了一款以让-奥古斯特·多米尼克·安格尔（Jean-Auguste Dominique Ingres）（1780~1867）的《土耳其浴池》（Turkish Baths）为灵感来源的晚礼服短裙，短裙的装饰灵感来自画作中沐浴后女人的头巾。

土耳其浴池（Turkish Baths），安格尔，1862

瓦伦蒂诺晚礼短裙（Valentino Evening Skirt），1991

设计师金德·奥古基尼（Kinder Aggugini）在2010/11秋冬发布会上设计的一款以大卫油画《雷卡米耶夫人画像》（Portrait of Madame Recamier）为灵感的礼服长裙

雅克-路易大卫（Jacques Louis David）的油画《雷卡米耶夫人画像》（Portrait of Madame Recamier），1800

第一章 研究/寻找灵感来源

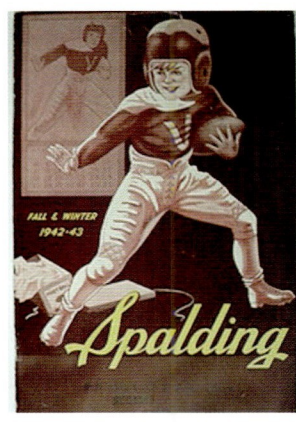

设计师以旧足球和皮质的垒球手套为灵感来源,将皮革与服装面料形成色彩和材质的对比,将绳索和孔眼的穿插作为装饰

亚历山大·王(Alexander Wang),S/S, 2010

赛琳(Celine), S/S, 2010

29

Gucci, London, S/S, 2011

第一章 研究/寻找灵感来源

色彩运用

WGSN发布的2010年秋冬色彩

季节影响色彩的选择

  浅色通常多运用在春夏季，如嫩黄、浅绿、天蓝、淡粉等；深色多用于秋冬季，如黑色、褐色、紫色、暗红等。

  同款式的流行预测一样，当季及未来流行的色彩预测也会由流行预测公司发布。并按照服装类别的不同预测不同的色彩趋势。例如，男装秋冬色彩预测，童装春夏色彩预测等。

  在设计过程中应当参考流行趋势，结合自己的设计主题和面料选取恰当的色彩范围进行设计。但在设计过程中应适当扩展该季产品的色板和采用面料的范围。例如，主题色调为五个颜色，而在实际设计中应扩展到七个或更多周边颜色来填补设计中所产生的色彩空隙。

潘通色彩手册（Pantone Color Book）专业潘通（Pantone）公司出品的标准色板

31

PANTONE®
17-4730 TPX

PANTONE®
19-5320 TPX

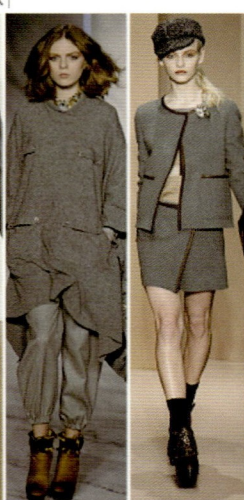

PANTONE®
16-3803 TPX

PANTONE®
17-1502 TPX

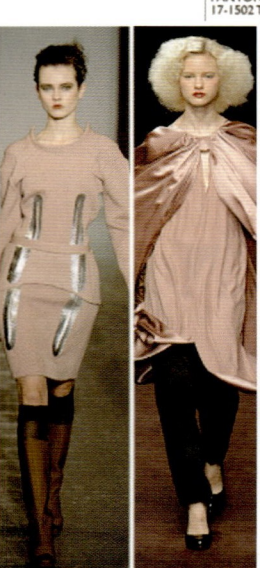
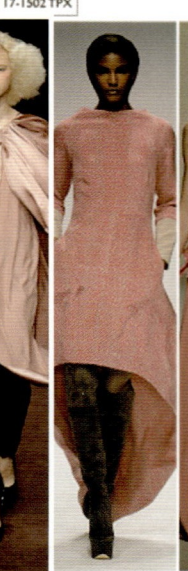

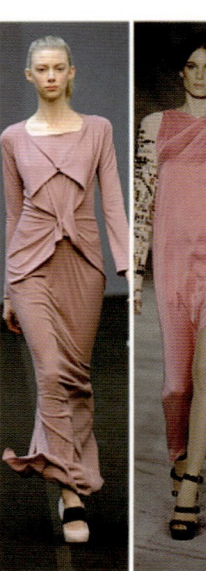

PANTONE®
12-1206 TPX

PANTONE®
16-1434 TPX

PANTONE®
18-3949 TPX

PANTONE®
19-3922 TPX

PANTONE®
19-0303 TPX

PANTONE®
17-1937 TPX

PANTONE
18-1561 TPX

33

面料

在调研（Research）阶段需要对面料进行市场调查。网络、流行杂志上可以找到最新的面料运用的方法和流行趋势。通过对面料市场的调查，确定面料选取的范围。进行这一调查的前提是你已经对各种面料有一定的熟悉和了解。例如，雪纺纱不能用于制作夹克，而皮革和厚重毛料的悬垂感很差。我们将在第三章面料单元中（Chapter 3 Textile）详细介绍面料的一些基础知识。

如果你手上已经有了面料，那么根据现有面料，你要考虑如何进行设计才能充分利用现有面料，还需要哪些附属面料进行补充。在美国一些大学的服装设计系，有各种免费的面料供学生使用，这些面料通常是服装公司免费提供的。如果你希望能节省开支，那么就要考虑如何利用这些现有的免费面料来表现自己的设计想法。

面料的选择通常是由季节和设计主题来决定。最为简单的是轻薄的面料适用于春夏季，厚重的面料适合做外衣和秋冬装的设计。

第二章
服装画
(Fashion Drawing)

绘画是表达和交流设计思想的一个工具，是将头脑中的形象转化到纸面上的过程。

服装画人体

画得一手好画不是成为一名优秀服装设计师的充分条件，但在一定程度上会对设计和创作有很大的帮助。作为设计师重要的是"设计"而不是"绘画"，但是你能将头脑中的形象和想法清晰准确地描绘于纸上时，你就已经成功了一半。高超的绘画技巧可以帮助你更为完整准确地在视觉上表达设计，同时，一张好的服装效果图或者时装画本身也是一件艺术作品。提高服装画绘画技巧的唯一途径就是勤加练习。

威拉猛岱（Viramontez），意大利画家

第二章 服装画

服装画人体比例

　　绘制时装画和服装效果图的学习可以从人体绘画开始练习。这里要注意的是，服装画的人体与正常人体比例有很大不同。时装画和服装效果图的人体不需要绘制得特别详细，可以简单概括，比例上要长于正常人体比例，通常时装画人体比例为9~10头身，主要拉长腿部的比例。

　　1.确定准备绘画人体的位置，先确定A点和10的位置，在A到10的范围内平等分9或10份（图例以10头身为例）。

　　2.A至3为从头顶到腰线的长度，这个长度是固定的。3至4是胯骨的长度。4至7是从臀线到膝盖的长度，这一部分可适当拉长。从7至10是小腿部分。时装画中的人体比例，主要通过拉长小腿的长度来调节人物的身高。

　　3.确定好各个部位的比例，做好标记后，就可以开始人体绘制了。

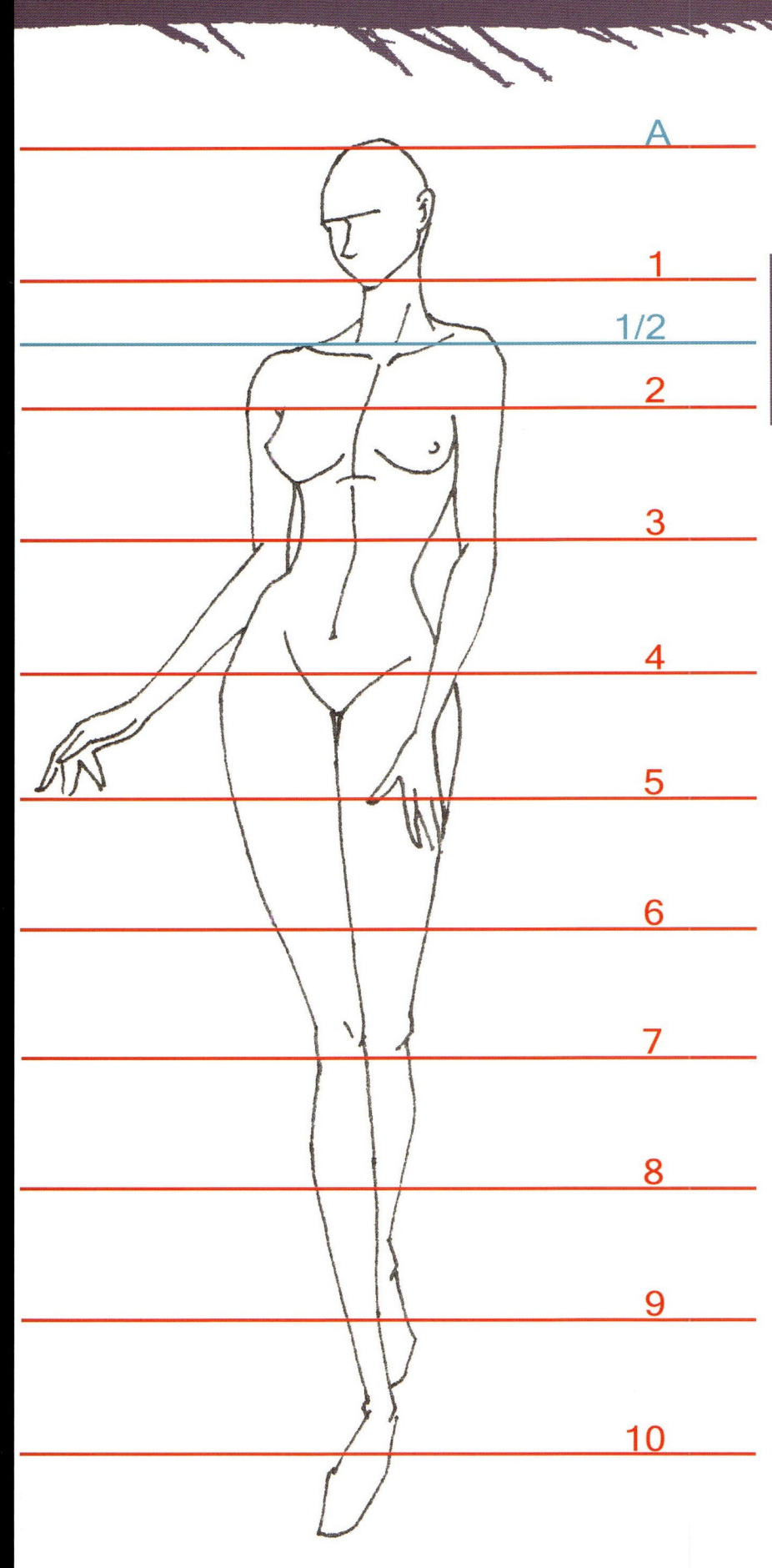

A
1
1/2
2
3
4
5
6
7
8
9
10

2

39

了解人体的大形

将复杂的人体归纳为若干简单的几何形体，便于我们理解和掌握人体的造型和运动规律。

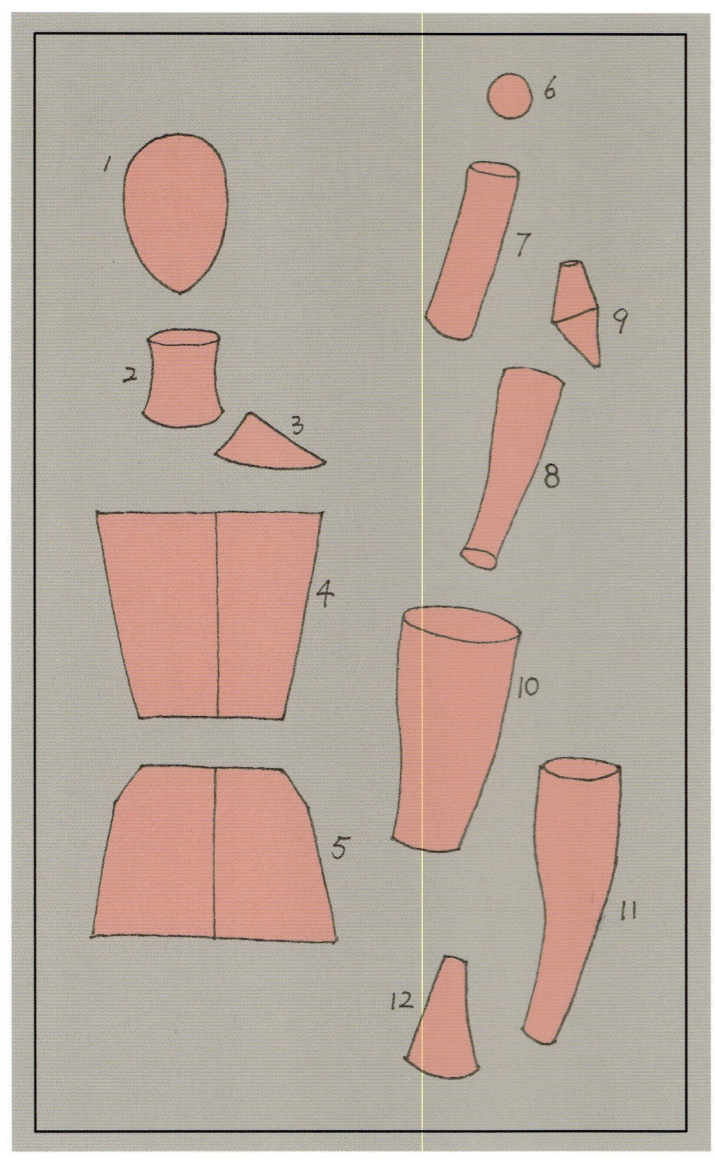

1 头 —— 蛋形
2 颈 —— 圆柱体
3 肩胛 —— 楔形
4 胸腔 —— 倒梯形
5 骨盆 —— 梯形
6 肘部/膝盖 —— 球形关节
7 上臂 —— 圆柱体
8 前臂 —— 圆锥体
9 手 —— 菱形
10 大腿 —— 圆锥体
11 小腿 —— 圆锥体
12 脚 —— 锥形

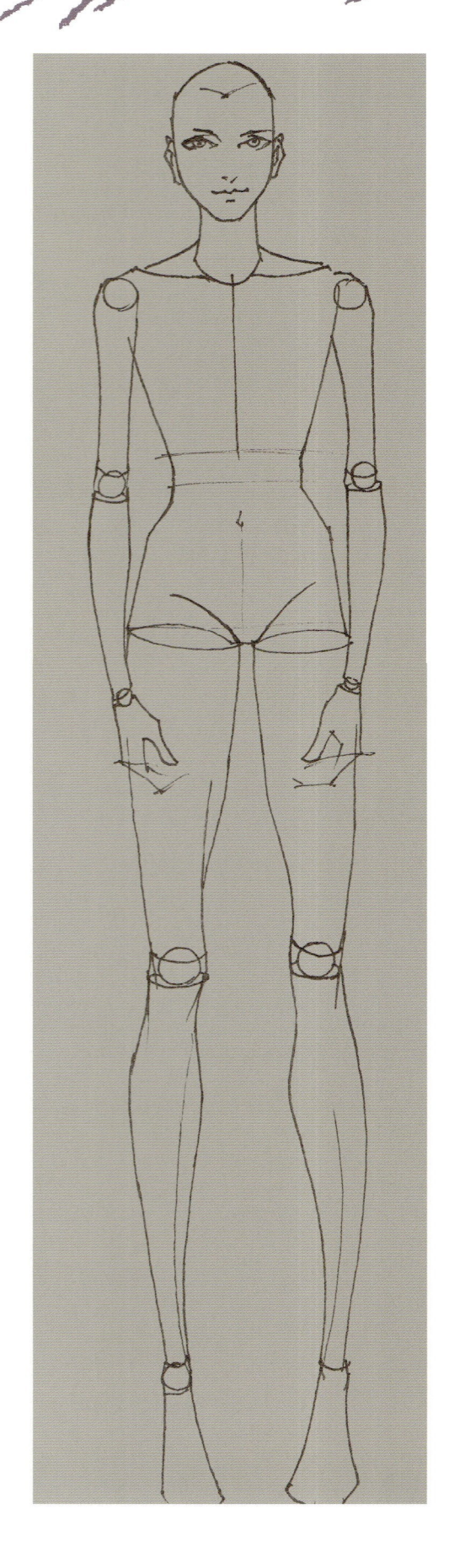

第二章 服装画

　　在时装画和服装效果图的绘制中，能够熟练默写几个动作的人体姿势是非常必要的。熟练掌握以下几种姿势对日后服装效果图及草图的绘制会有速度和质量上的提高。

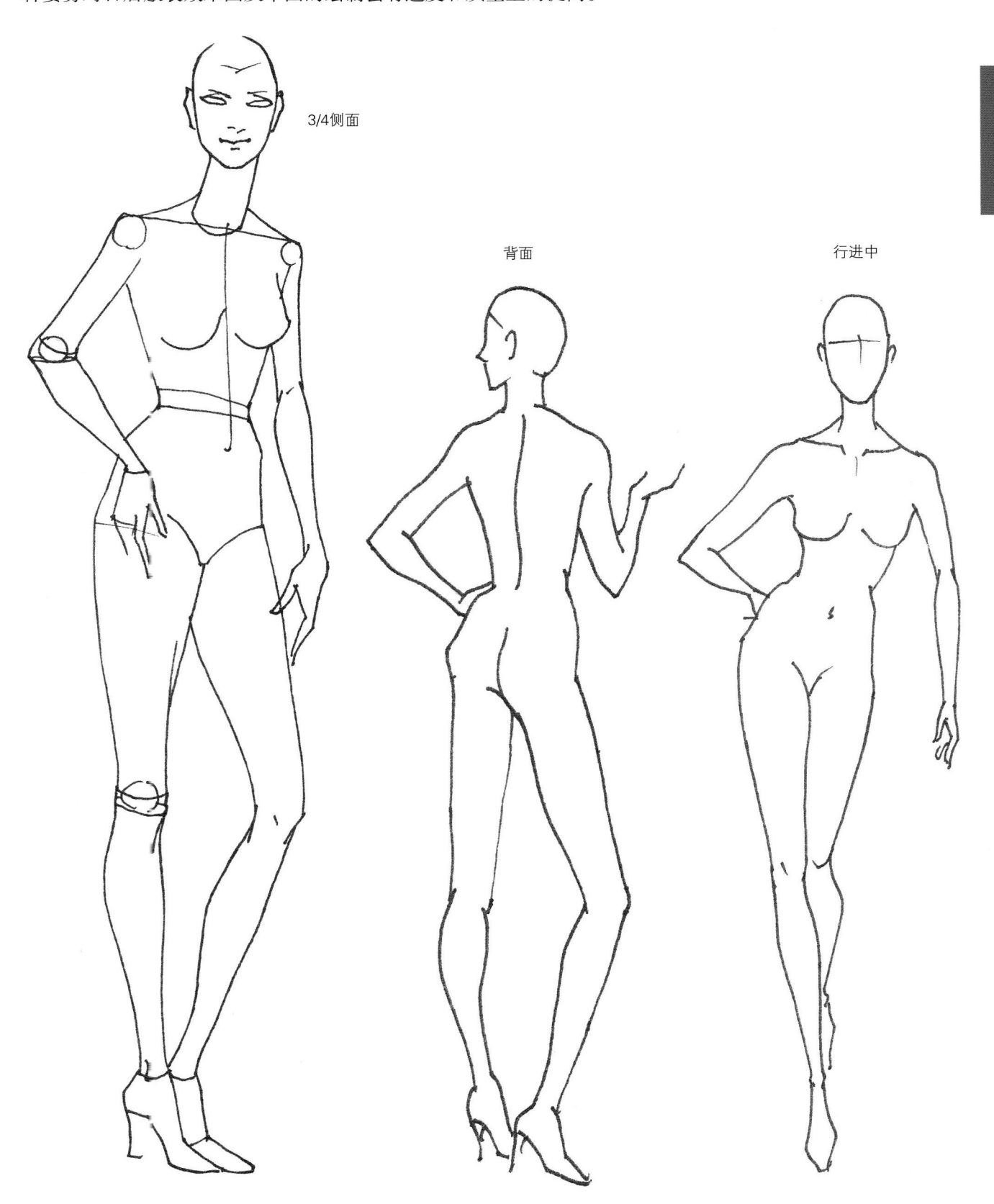

3/4侧面

背面

行进中

各种服装画之间的区别

服装草图（Fashion Sketch）

服装草图是记录服装设计师设计思想的工具。往往需要以最快的速度记录下灵感和一闪而过的一个造型。不需要绘制得特别精确完美，只需要清楚表现或记录设计想法即可，在条件允许的情况下尽量完成色彩和附带面料小样。

第二章 服装画

服装草图强调的是速度，无需刻画细节，是设计师创作之初的思想记录。

该系列草图以京剧脸谱为灵感来源进行的系列设计

服装效果图（Fashion Drawing）

　　服装效果图故名思义是服装穿着在人体上所呈现出来的效果。服装效果图较草图来说更为具体，是将从草图中提炼总结出的设计结果绘制出来的作品。服装效果图在一定程度上要非常清晰地表现服装的结构和比例。服装效果图会直接影响下一步的制板和制作。例如，明线（Top Stitching）的位置，省道的位置和长度，服装造型，长度，相互之间的比例等。因此，服装效果图对绘画水平的要求也就相对服装草图要高一些。首先要选择合适的人体姿势，以便突出服装的重点。例如一件晚礼服的设计重点在背面，那么选取背面作为绘画的重点则是恰如其分的。而正面的款式则交给"平面款式图"来完成。

　　服装效果图在清晰表达服装结构的前提下，也可以在一定程度上强调艺术性。一张好的服装效果图不仅可以帮助设计师和打板师更好地理解款式特点和结构，还能充分地表达设计师的设计性格。

材料：黑色针管笔，水彩

创意：以太极图为灵感。运用黑白两极的互动，穿插强调造型的流动感

44　服装设计要素

材料：图形图像处理软件（Adobe Photoshop）上色

创意：以中国京剧脸谱为灵感，运用丝绸和雪纺纱的飘逸和光泽突出浓重的中国特色

45

时装画（Fashion Illustration）

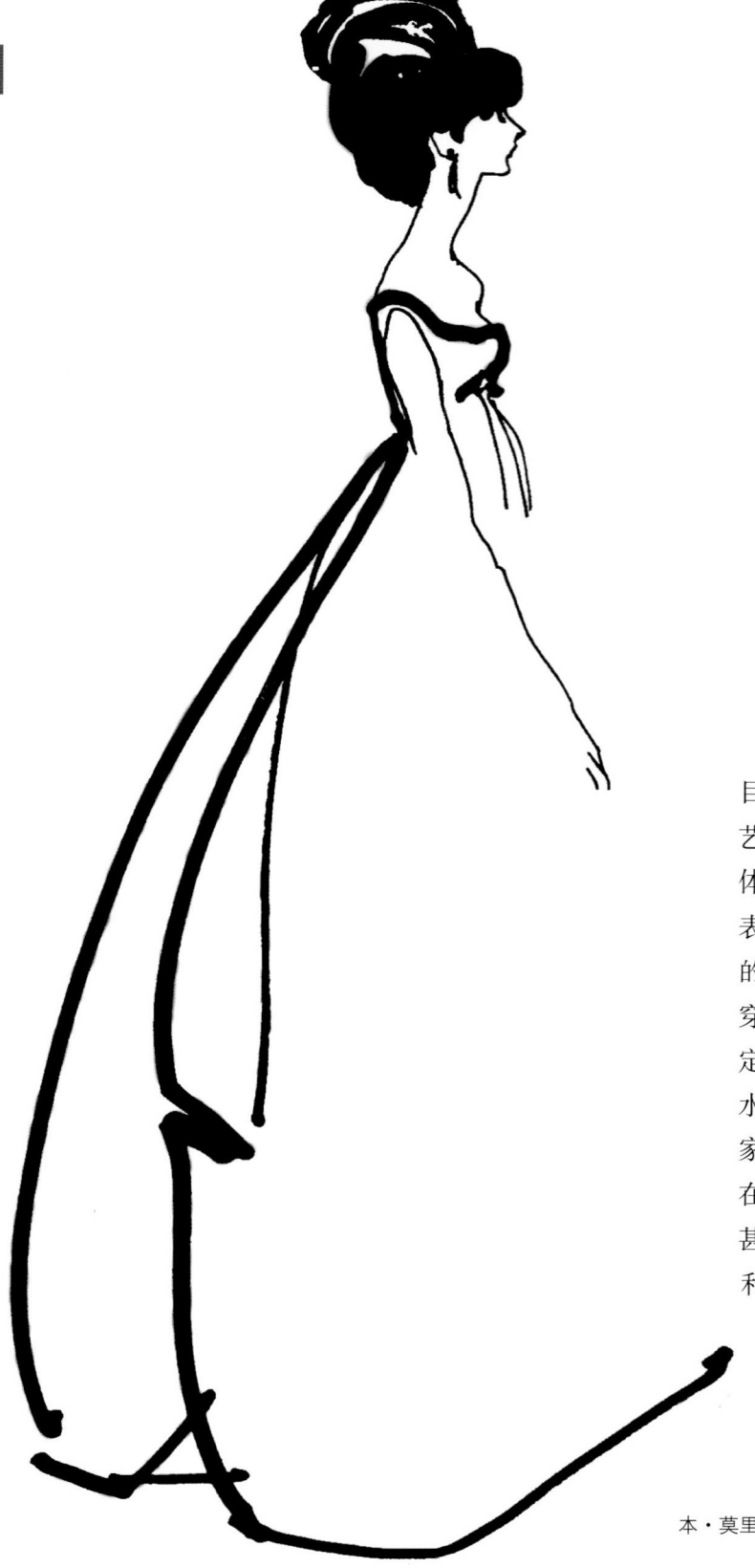

时装画是一种艺术表现形式。其主要目的和作用不是"服装设计"而是"绘画的艺术性"。它是以服装和人物作为绘画的主体进行的艺术创作，可以采用多种艺术手法表现以及多种媒介进行绘画创作。时装画中的"服装"是表达一种形式，不一定具备可穿性。时装画家不一定是服装设计师，不一定要具备对服装结构和制作的理解。而绘画水平高的设计师同样可以成为优秀的时装画家。时装画已经作为一种独立的艺术形式存在。时装画不需要精确的服装结构和比例，甚至可以只描绘局部，其中体会出来的意境和感觉则更为重要。

本·莫里斯（Ben Morris），美国时装画家

第二章　服装画

史蒂文·斯蒂伯曼（Steven Stipelman），美国时装画家

平面款式图（Flat Sketch）

　　平面款式图需要非常准确、干净、详细地描绘。外轮廓线、省道、缝边可用较粗的线勾勒，明线等细节可用较细的线。平面款式图要标注任何在服装上出现的细节：单明线（Top Stitching）；双明线；扣子的形状、大小比例、数量、位置；分割线的位置；省道位置等。

　　在制作作品集的时候通常需要绘制正面和背面的平面款式图。平面款式图只需要黑白线稿。

　　而在工业生产中的平面款式图要求非常精确详细。一张详细准确的平面款式图可以帮助板师准确地理解服装结构和比例，配合服装效果图和制作说明准确无误地进行打板工作。同时，平面款式图还可以帮助缝纫部门了解缝纫细节，避免出现制作上的错误。

　　目前，美国服装公司普遍应用奥多比公司的软件（如Illustrator）作为平面款式图绘制的工具软件。而作为学生阶段可以练习手绘平面款式图。

第二章 服装画

2

49

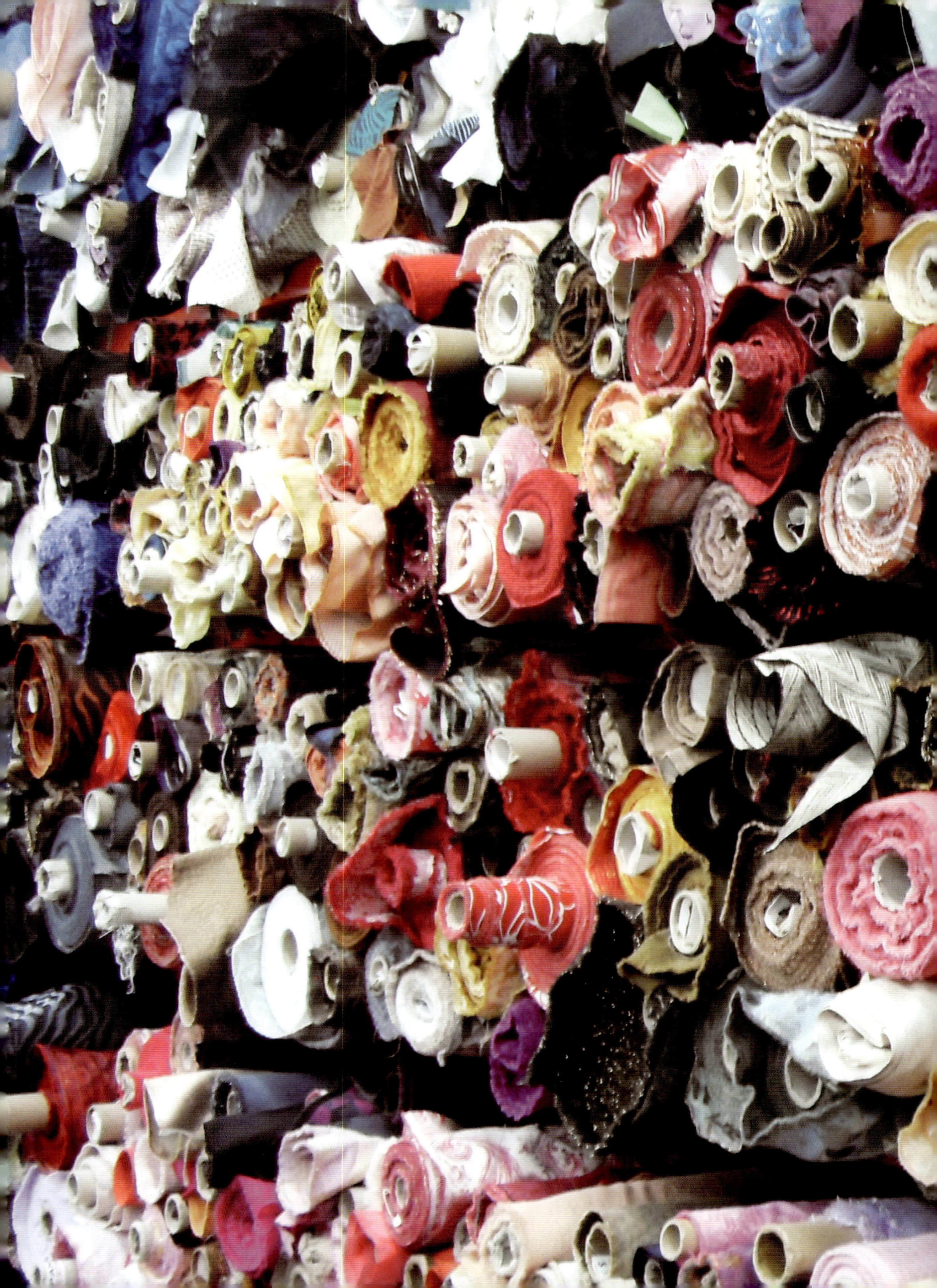

第三章
面料
(Textiles)

服装设计师必须对服装面料有足够的掌握和了解，要了解面料的名称、特性、构成、成分等。尽可能多地记录看到和接触过的面料，才能为你的设计选择正确的面料。

3

面料的分类

面料的选择要根据设计的需要，它对设计的成功与否起着很大的决定性作用。因此，熟练掌握面料的名称和特性，了解面料流行趋势是一名设计师应具备的基本技能。在求学阶段，面料科学（Textile Science）是非常重要的一门课程。以作者求学的美国爱荷华州立大学服装系的课程安排为例，面料科学1是大一或大二新生的必修课。主要介绍面料名称、特性和使用方法，与中国的服装设计学院所学习的面料课程内容类似。面料科学2是大三、大四及研究生所修的面料科学高级课程，属于选修课程。主要从化学的角度介绍纤维的构成、面料的再处理、整染等。对深入了解面料和学习整染技术有一定的指导作用。

在本章节中，我们简要介绍一些常用面料的应用以及常用面料的英文名称。

第三章　面料

在学习面料之前，先区分几个有关面料的名词。

纤维：英文译为"Fiber"，是面料的成分，是一块面料最为基础的成分，例如：丝、麻。

纱线：英文译为"Yarn"，是纺织过程中织成面料的纱线。

面料：英文译为"Fabric"，即我们所说的"布"。是经过织造最后完成的产品。

> **背景知识**
>
> 纱线的重量、尺寸以及织数决定面料的手感、厚度、重量。所以在面料的使用上，要注意面料的重量(Weight)。国际上重量的单位是(oz/yd^2)或(g/m^2)。数值越高面料的质感越厚。例如180g/m^2的弹性棉比150g/m^2要重，手感厚实。面料成分(Fabric Content)以百分比标注比例。例如一块弹性棉的面料成分为95%棉(Cotton)和5%氨纶(Spandex)。

莲娜丽姿（Nina Ricci），巴黎时装周，2010

米诗尼（Missoni），米兰时装周，2010

在我们叙述自己的设计所使用的面料时，不可以只简单地说我采用的是丝绸（Silk），因为丝只是纤维的名称，并不能代表你的面料。在丝绸面料这个大的分类中有若干由丝纤维经过不同的纺织手法，后处理而出现的各种不同的丝绸。而具有特定名称的丝绸才能作为你叙述面料的名称。例如，雪纺丝（Silk Chiffon），软缎（Silk Charmeuse）。

53

常用面料成分中英对照表

纤维分类	英文名称	中文	英文名称	中文
天然纤维（Natural Fiber）	Cellulose Fibers	纤维素纤维	Cotton	棉
			Flax/Linen	亚麻
			Jute	黄麻
			Bamboo	竹
			Hemp	大麻
	Protein Fiber	蛋白质纤维	Cashmere Wool	羊绒/开士米
			Mohair Wool	马海毛
			Camel Hair	驼绒
			Alpaca Wool	羊驼毛
			Angora Wool	安哥拉兔毛
			Silk	丝
合成纤维（Man-made Fiber）	Cellulose	再生纤维素纤维	Rayon	人造纤维，人造丝
			Acetate	醋酯纤维
			Tencel	天丝（一种全新天然纤维，木浆纤维素纤维）（商品名）
			Triacetate	三醋酯纤维
	Non-cellulose	化学纤维	Polyester	涤纶
			Aramid	芳纶
			Acrylic	腈纶
			Spandex	氨纶
			Nylon	锦纶

第三章　面料

皮革（Leather）

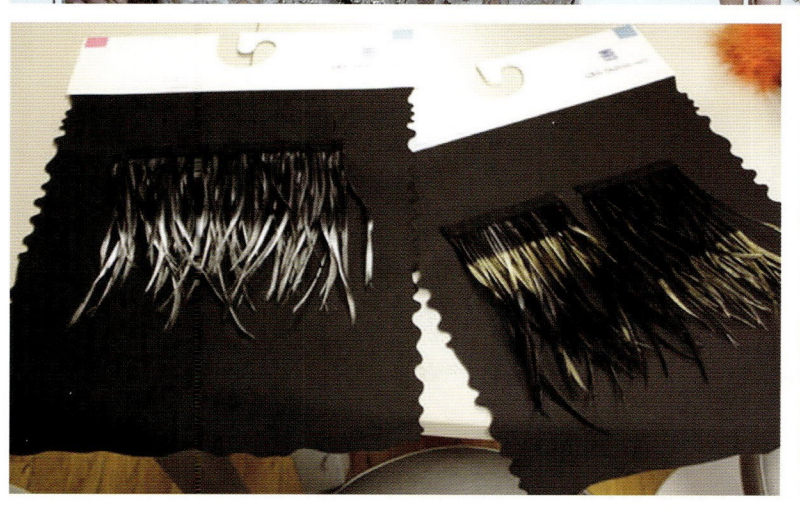

羽毛（Feather）

55

亚力山大·麦昆（Alexander McQueen），
Paris，S/S，2011

常用面料成分代码对照表

服装行业越来越成为一项国际间的合作。在实际的设计工作中经常会遇到国外进口的面料所标注的面料成分名称，熟练掌握该表内容可以令工作事半功倍。

代码	英文	意大利	法文	中文	其他
AC	Acetate	Acetato	Acetate	醋酯纤维	—
AF	Other Fibers	Alter Fibre	Autres Fibres	其他纤维	—
CA	—	—	—	麻	—
CO	Cotton	Cotone	Coton	棉	Algodon
CP	Combed cotton	—	Cotin peine	精梳棉	—
CU	Cupro	Cupro	Cupro	铜氨	—
EA	Elastane	Elastan	Elastanne	弹性纤维	—
EL	Elasto Diens	Gomma	Elasto Diene	烯系弹性纤维	—
KP	Kapok	Lapok	Gapoc	木棉	—
LA	Lambswool	Lambswool	Lambswool	羊仔毛	—
LI	Linen	Lino	Lin	亚麻	—
—	Lycra	Lycra	Lycra	莱卡	—
MD	Modal	Modal	Modal	莫代尔纤维	Polinosic
ME	Metal	—	Lurex	金属丝	—
TA	Tactel	—	Tactel	杜邦公司的聚酯聚脂胺纤维	—
NY	Nylon	Nylon	Nylon	尼龙	—
PA	Polyamide	Poliammidica	Polyamide	锦纶	—
PC	Acrylic	Acrilica	Acrilique	腈纶/压克力纤维	—
PL	Polyester	Poiestere	Polyester	涤纶	PET
PU	Polyurethane	Poliuretanice	Poliurethane	聚亚胺酯	—
RE	Ramie	Ramie	Ramie	苎麻	—
SE	Silk	Seta	Soie	丝	—
TA	Triacetate	Triacetate	Triacetate	三醋酯纤维	—
VI	Viscose	Viscosa	Viscose	粘胶纤维	Rayon
WA	Angora	Angora	Angora	安哥拉毛	—
WK	Camel	Cammellol	Chameau	骆驼毛	—
WM	Mohair	Mohair	Mohair	马海毛	—
WO	Wool	Lana	Laine	羊毛	—
WP	Alpaca	Alpaca	Alpaca	羊驼毛/驼马毛	—
WS	Cashmere	Kashmir	Cashmire	开士米	—
WU	Guanaco	Guanaco	Guanaco	南美Andes山脉的络马毛	—
—	Leather	—	Cuir	皮革	—
MW	Merino Wool	—	—	美利奴羊毛	—
MC	Merserized Cotton	—	—	丝光棉	—
—	Polyacrylic	—	—	聚酯压克力纤维	—
WV	Virg.Wool	—	—	纯羊毛	—
—	Tencel	Tencel	Tencel	天丝/木浆纤维	Lyocell
—	Rabbit	—	Lapin	兔毛	—
—	Jacquard	—	—	提花	—
—	Piquet	—	—	珠地	—
—	FILM	—	—	涂层	—
—	Spandex	—	—	斯潘德克斯弹性纤维	氨纶（美国）

安·迪穆拉米斯特（Ann Demeulemeester），A/W，2011/12

让·保罗·高提耶（Jean Paul Gaultier），A/W，2010/11

詹巴迪斯塔·瓦利（Giambattista Valli），A/W，2011/12

毛皮（Fur）

第三章　面料

新型面料/高科技面料

随着科技的发展，面料的成分和材质也在不断创新。

银纤维(X-static)
由纯银包裹在尼龙上制成，抗菌防臭。天然、耐久，适用在运动产品上，导热性能好，防静电。

奥丁拉细羊毛(Odin Optim)
是一种羊毛拉伸出来的新型纤维。将羊毛的纤维拉长，使羊毛具有超强的悬垂性和柔软的触感。

蛛丝蛋白纤维(Spidersilk or BioSteel)
具有很强的韧性和稳定性。

聚乳酸纤维(PLA Fiber)
2001年从甜玉米和（美国）甜菜中分解出来的纤维，是可再生纤维，具有环保性。

超细纤维(Microfiber)
具有重量轻、触感柔滑、透气性强等特点，多用于运动服和内衣的制作。

纳米纤维(Nanotechnology)

安·凡德沃斯特（AF Vandevorst），Paris，S/S，2011

面料再造（Surface Treatment）

尽管从面料的成分上可以了解到面料的特性，然而无论如何都比不上亲手触摸的感觉。设计师必须亲自用手触摸去感受面料的质感、分量。即使面料的重量可以用仪器准确测量，但着装后的效果如何远不是用数字所能衡量的。服装设计师在掌握基本的面料知识之后，应多接触各种不同面料，设计师完全可以经过自学来决定面料与服装设计的结合。记住一些常用面料的名称对熟悉面料及做面料市场调查有一定的帮助。

一旦面料织造完成，便可进行面料改造（Surface Treatment）。面料再造或称面料改造是服装设计师对面料进行第二次创造的方式。也是在学生阶段解决由于经济原因无法选购昂贵面料进行设计的一个好方法。

服装设计师或面料设计师可根据服装设计的需求对面料进行珠绣（Beading）、刺绣（Embroidery）、水洗（Washing）、印染（Printing & Dyeing）、补花/贴花（Applique）。面料的后期处理对高级成衣设计起着至关重要的作用。

推荐书籍

- *Textile View*
- *View Point*
- *Fashion Forecast*
- *WWD Women's Wear Daily*
- *International Textiles*
- *Zoom on Fashion Trends*

曼尼什·阿若拉（Manish Arora），巴黎时装周，2011

第三章 面料

珠饰
（Beading）

纪梵希（Givenchy），Couture，A/W，2010/11

三维立体（3D）

三宅一生（Issey Miyaki），巴黎时装周，2011

61

数码印染（Digital Printing）

闪光珠片装饰（Sequin）

第三章　面料

褶皱（Pleats）

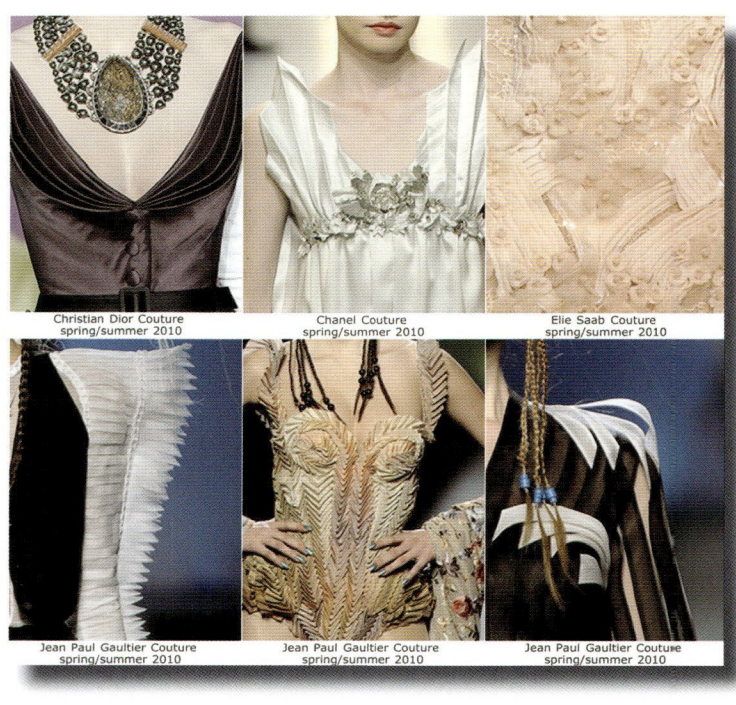

拼被/补缀（Quilted Patching）

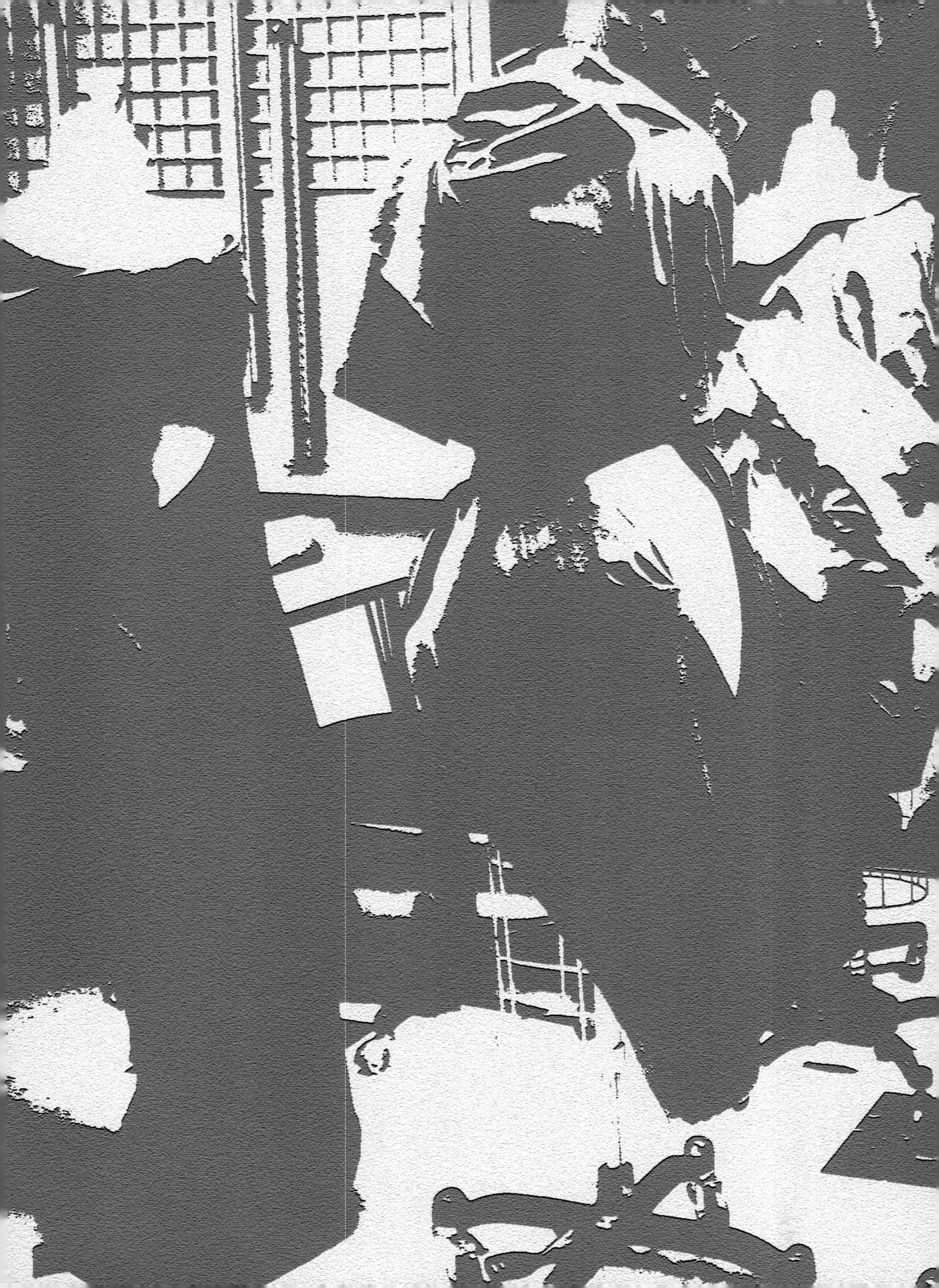

美国课堂教学实录

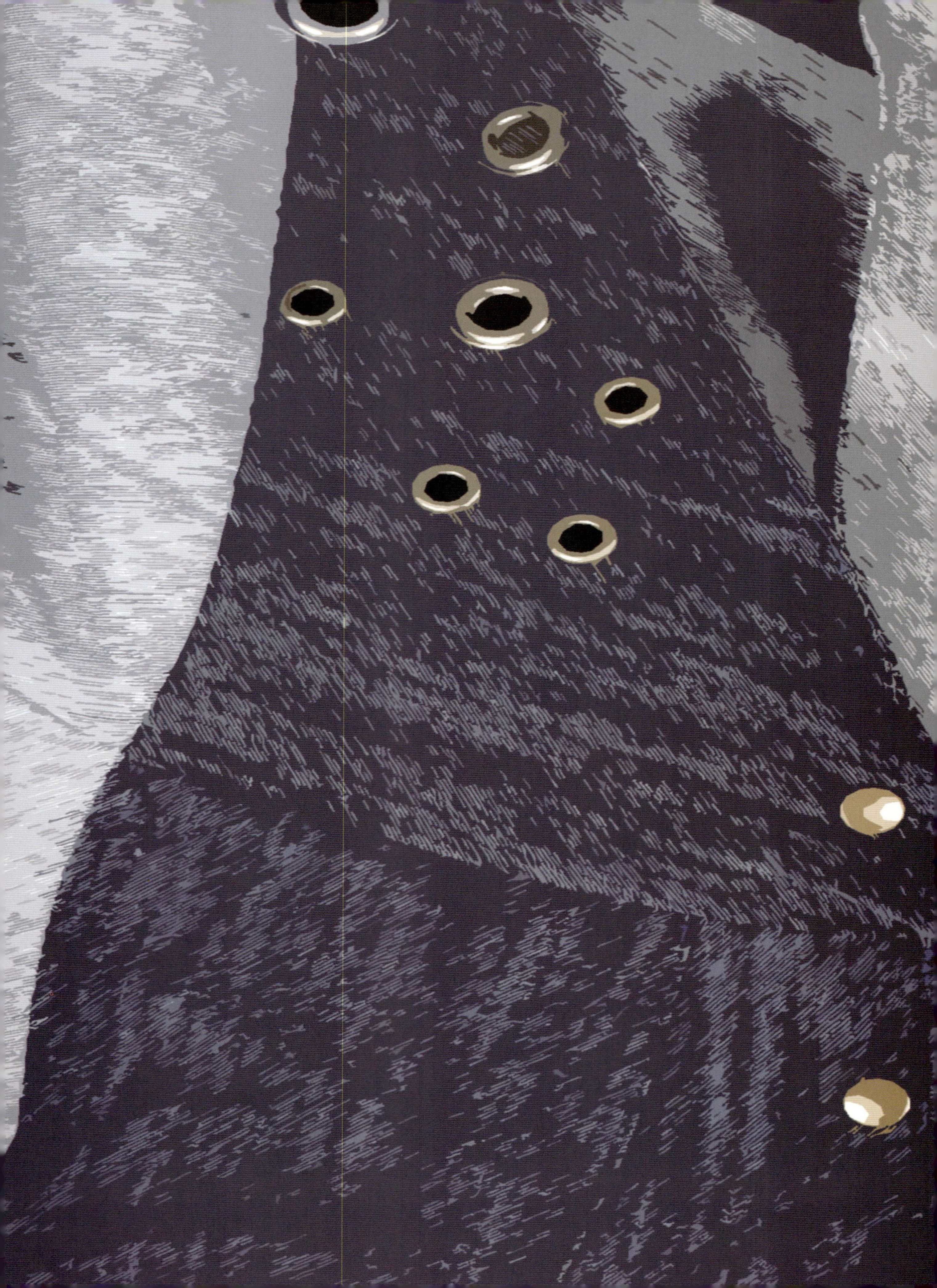

第四章　打破对服装设计的固有认知 (Design Theory & Practice)

DESIGNING FOR THE 3-DIMENSIONAL BODY: A VARIETY OF APPROACHES. FOCUS WILL BE ON DESIGNS THAT APPROACH THE BODY IN A NON-TRADITINAL MANNER. THIS CAN INCLUDE GARMENT SHAPES AND FORMS THAT DO NOT CONFORM TO BODY CONTOURS OR THAT ARE DRAPED IN UNIQUE SCULPTURAL FORMS.

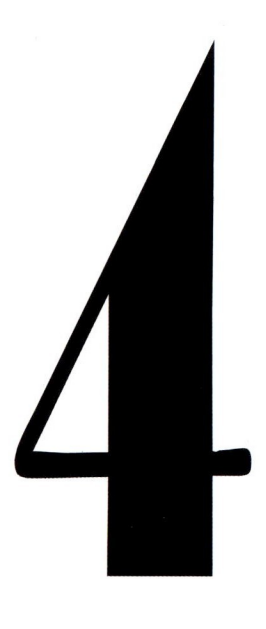

4

课程介绍

课程名称	设计理论与实践	课程级别	研究生及博士生
课程目的		课程目标	
课程将向学生介绍服装设计理论与方法。学生通过对服装艺术家和设计师的文章、视觉研究及创意设计过程的分析，完成对创意服装设计的灵感寻找以及设计和工程方面的研究。学生要采用不同的面料和技术方法进行传统或非传统的创意设计。 要求学生具有熟练的服装效果图绘画技巧、打板和制作技巧。 课程将通过设计展示和书写分析报告提高学生的交流能力。		• 创造适合展览或报告的新设计。 • 使用和开发已有的制板技术。 • 分析和记录设计过程。 • 训练有效的研究能力。 • 在展示设计作品时，运用视觉，演讲及文字的交流方式。 • 训练客观的分析和评价能力，来评估自己的及其他设计师的设计。	

课题	课题一
	简单回顾和分析设计师的代表作品。选择一位时装设计师（Fashion Designer）或者艺术服装设计师（Art-Wear Designer），写一篇关于该设计师的设计方法，代表作品和设计过程分析的论文。为课题二的设计过程报告（Design Process Paper）打基础。 推荐设计师：维奥内特（Vionnet），葛莱夫人（Madame Gres），波烈（Poiret），川久保玲（Rei Kawakubo），三宅一生（Issey Miyake），侯塞因·卡拉杨（Hussein Chalayan），伊莎贝尔·托莱尔（Isabel Toledo）。
	课题二
	采用与以往不同的手法设计一套三维造型的服装。可采用非传统的设计手法进行设计。可通过填充物体或在板型结构上制造出服装"离开"人体的造型。 这个"离开"可大可小，主要目的是打破传统成衣设计的框架进行广义上的艺术创作。 在完成服装制作之后学习书写一份合格的设计过程报告。

推荐书籍

• *Surface Design Journal*
• *Fiber Arts*
• *Fashion Now:i-D Selects the Worlds 150 Most Important Designers*
• *Issey Miyake Making Things*
• *Fashion and Surrealism*
• *Madeleine Vionnet*
• *East Meets West*

报告书写

在美国的服装设计学院设计专业的研究生们，设计过程报告（Design Process Paper）是一个永远的训练课题，每完成一件作品或一个系列的设计都要很详细地写出整个设计的过程。与本科生设计课相比，研究生及博士生的设计课更偏重于理论，因此设计报告不仅仅是一个记录设计的过程，还可以训练学生通过直观视觉、文字来表达设计观点，为日后进行教学、服装设计理论研究，甚至发表学术论文打基础。

所以在学习整个设计过程之前我们就要先了解书写一份设计过程报告需要做哪些准备工作：

报告内容
• 灵感来源：要提供具体的灵感来源以及选取此灵感来源的依据和设计相关之处。 • 市场定位：目标人群。 • 如何用设计表现灵感来源，采用何种手法表现（此环节可提供设计草图）。 • 面料选择：选择此款面料的依据。如有面料再造，须介绍面料再造的方法，并提供图例。 • 定稿及样衣制作：运用了何种制板方法（平面或立体），在制作过程中用到了哪些特殊手法等。 • 自我鉴定或设计总结（Self Evaluation）：这是很重要的一个环节。包括设计过程中所遇到的问题、通过怎样的过程解决问题、在成品完成时问题是否得到解决、此设计给你带来了哪些想法、你从中学到和总结到了什么、你在以后的设计中会注意哪些问题等。

小窍门

从寻找灵感来源开始便要详细记录，拍照或扫描到电脑中存档。

期间遇到的问题也要记录下来，避免一些不可逆的遗憾发生。

书写设计过程报告的全程是一个自我评价、自我审视和总结设计的过程。任何在设计过程中遇到的问题都可以写进报告并分析利与弊，其最大的意义在于"总结"。通过整理和书写的过程，回忆从始至终设计和制作的过程可以更为清楚地理顺整个设计的思路，更深入地理解灵感来源给设计所带来的影响；在面料的选择上是否恰到好处地表现了设计思想；在制作过程中如何解决遇到的各种问题；最终服装是否达到预期效果等。

经过这样一个整理和消化的过程，服装设计不再只停留于表面或是瞬间的感觉上，而是从更高的层次让自己的设计得到"进化"。

非传统设计过程

在进行每个课题之前,要先领会教授对课题所提出的具体要求,做到切合主题要求又不失个性创意。

课题二要求学生根据立体的人体,打破传统的设计过程,在人台上进行"雕塑"。我们以往的设计过程大部分都是先有灵感来源,然后设计草图,再进入到制作过程。而这个课题正是训练学生去丢掉这个固有的模式,一切从零开始,从一个人台和一块面料开始,将所有的形体都存储在脑海中,天马行空地创作。通过下面的图示我们可以非常清楚地了解设计的传统过程与非传统设计过程的不同之处。

课程要求	
传统设计过程	非传统设计过程
灵感源	立体裁剪练习(前期准备)
设计草图	明确灵感源
确定成衣图稿	
打板制作样衣(平面或立体裁剪)	立体裁剪样衣
试衣并调整样衣	试衣并调整样衣
成衣制作	成衣制作
试衣并调整	试衣并调整
完成	完成

设计感悟

当我失去了笔和纸,我竟然不知道如何下手。一直以来,我都习惯性地先画出脑海中的形象,然后按照这个样子再进行下一步设计制作。而导师简(Jean)却告诉我:"你什么都不要想,丢掉以往的设计观念,你的面前就只有一块面料和一个人台,放松心情去玩设计"。简单的一个词却比想象的要难很多。我拿着面料迟迟下不了手,更确切地说是我根本不知道从哪里开始,我还不知道该怎么"玩设计"。当我把目光投向简的时候,她像早就料到一样地说:"没你想象得那么简单吧?这个设计的目的就是让我随便的玩,想到什么做什么,不要有任何拘束,不要紧张。最开始就是用面料做实验,一切的形象都要在脑海中,不能画出来。慢慢就会有一个清晰的形象出来。"她这样一说,我才发现原来我真的不会放松心情,我以往太紧张自己的设计了。在整个谈话过程中,她用到了很多次"玩设计"。我很喜欢这个词来形容设计的过程。设计本身就应该是一个最为愉悦、最放松的"玩"的过程。本着这个宗旨,设计也便有了她诱人的魅力。这个词也变成了我在日后学习和工作中经常提醒自己的一个标准。

在不断地尝试中,我体会到了从无到有的设计过程,头脑中的形象和目的越来越明确,最终将重点放在了几何形体对造型和板型的影响上。

第四章 打破对服装设计的固有认知

设计实例

寻找灵感及灵感的确立

图书馆和网络是寻找灵感最直接且丰富的来源。

学习、分析和研究前辈的设计手法及理念是创新和超越的前提。在学习设计之初，要学会从大师的设计中吸取精华，学会借鉴，提炼出符合自己灵感及设计的素材。

灵感来源的设计运用

以本章节课题为例，设计手法借鉴20世纪法国著名服装设计师玛德琳·维奥内特（Madeleine Vionnet）和葛莱夫人（Madame Alix Gres）的设计。

背景知识

灵感来源是设计师进行服装设计时的源泉。有时灵感是一句话、一首歌、一张照片、一幅画、一片树叶、一种感受，甚至一块面料。抓住每次感动和触及神经的一瞬间，才能创作出打动内心的作品。

灵感来源的寻找和确定在系列设计中尤为重要。

玛德琳·维奥内特（1876~1975）是20世纪初法国最具历史意义的一位女性服装设计师。她的设计对以往沉重繁琐的欧洲古典服装进行了一场简约主义革命。她将斜裁（Bias Cut）用于其所有的设计中，给日后的设计师们注入了新的灵感。她被尊称为斜裁皇后（Queen of The Bias Cut）和女装裁剪的缔造者（The Architect Among Dressmakers）。

玛德琳·维奥内特（1876~1975）

玛德琳·维奥内特灰色雪纺珠片晚礼服（1938）

A lesson in draping a Vionnet dress, by Azzedine Alaïa.
1. The dress, lying on the floor. 2. Azzedine takes it ... 3. pulls it over the tailor's dummy ...
4. and ties it at the waist. 5. He then takes the widest panel ... 6. and arranges it in place at the back.

7. He takes the other panel ... 8. twists it ... 9. again and again ...
10. coils it around the first panel ... 11. arranges the twist of material around the shoulder ...
12. et voilà!

设计师演示维奥内特经典礼服的制作过程

《玛德琳·维奥内特》，1991，(P118, 119, 121)

葛莱夫人（1903~1993）则运用干净利索的结构，通过几何的造型，打破传统的边线和前后片的布局。她的设计在外观上看似简单，但结构却非常复杂。

"希腊"式晚礼服（"Grecian" Evening Gown），蓝色丝织物，1938年左右

葛莱夫人（Madame Gres）（1903~1993）

披肩大衣（Cape-Coat），灰与黄色格子羊毛及马海毛，1950年左右，藏于美国纽约时装学院设计学院展览馆

"希腊"式晚礼服（"Grecian" Evening Dress），粉色丝织物，1955年，藏于美国纽约时装学院设计学院展览馆

本章节课题灵感来源

大部分时候，在设计过程中灵感来源不只有一个。可以在结构、造型、色彩等多方面分别寻找围绕主题的灵感，不断丰富设计。当然，服装设计在一定程度上是感性的意识表现，并不需要任何步骤都有据可循。应根据具体情况和设计习惯来进行调整。

在寻找灵感来源的同时要明确设计目的。

该设计目的之一便是研究如何将简单的几何形体，形成"收"和"放"的造型。借鉴葛莱夫人及流行的"折纸"（Origami）的设计手法，用尽量简单的几何形状来表现。

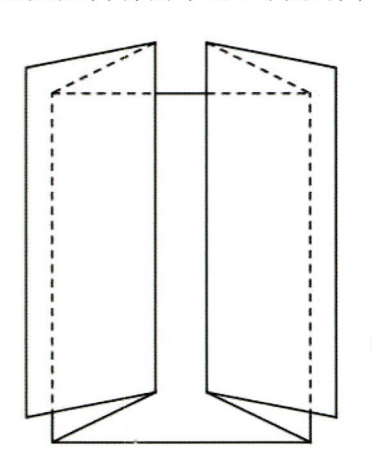

经过多次试验，将最简单的折叠盒子的方法运用到对胸部的造型上

由于女体胸部突出的特点，面料在经过对折之后所多余出来的量使折叠部分突出胸部，而剩余部分就能紧贴胸部。并且经过折叠，面料在光线、投影的作用下出现不同的色调，使面料本身也增加了质感

背景知识

Origami一词音译日文"折纸"的发音。又名"(Art of Paper Folding)"。

折纸的手法被服装设计师们巧妙地运用到服装设计中，更彰显服装结构和面料的特性。最具代表性的有约翰·保加利亚（John Galliano）在克里斯汀·迪奥（Christian Dior）Haute Couture S/S 2007中发布的一系列服装以及针织女王（Sandra Backlund）的"纸礼服（Paper Dress）"系列。

第四章 打破对服装设计的固有认知

针织女王，纸礼服（Paper Dress）

约翰·保加利亚，克里斯汀·迪奥，高级时装，S/S，2007

75

制作样衣

确定灵感来源和设计手法之后，开始制作样衣。样衣一般使用成本较低的白坯布，但会根据具体设计要求或者制作成衣的面料软硬度选择其他相应的材料制作样衣步骤如图。

1. 在一块长方形的白坯布上标明纱向，确保在制作过程中保持所有裁片采用斜丝

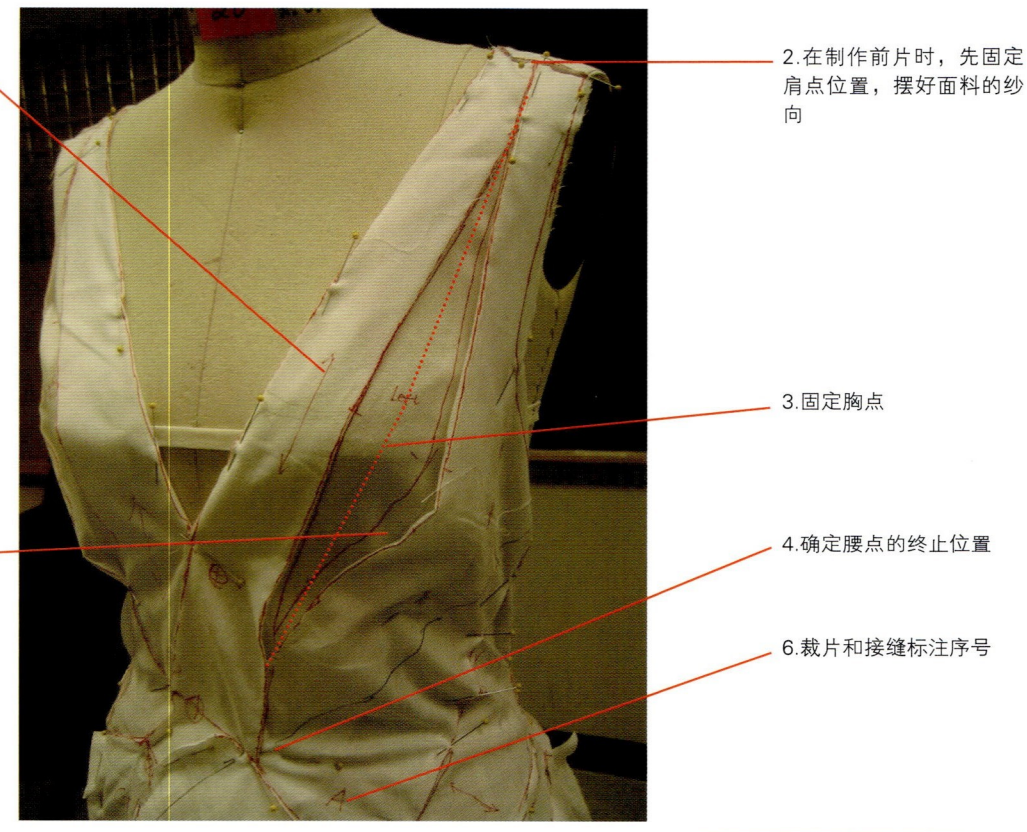

2. 在制作前片时，先固定肩点位置，摆好面料的纱向

3. 固定胸点

4. 确定腰点的终止位置

5. 按照折纸的方法从两边往图中红色虚线方向对折。该部分结构在服装平放在桌面上时可以完全合拢成一个平面，而穿在人体上便可显露出立体感和中间隐藏的面料

6. 裁片和接缝标注序号

面料边缘的水平方向（Selvedge）

布边 Selvedge

斜丝（True Bias）：面料的45°方向

小窍门

- 纱向：（Grain Line）
- 直纱向：通常制作服装使用直纱向。直纱较稳定，通常不具弹性。
- 横纱向：与直纱90°垂直的纱向。具有不稳定性，具有弹性。
- 斜纱向：与直纱向成45°角的纱向。具有较大弹性。通常用于立体裁剪，制作滚边等。
- 纱向辨认：在布的边缘如果很轻易地抽出纱线，即为直纱，反之为横纱。另外，面料的边缘方向为直丝。

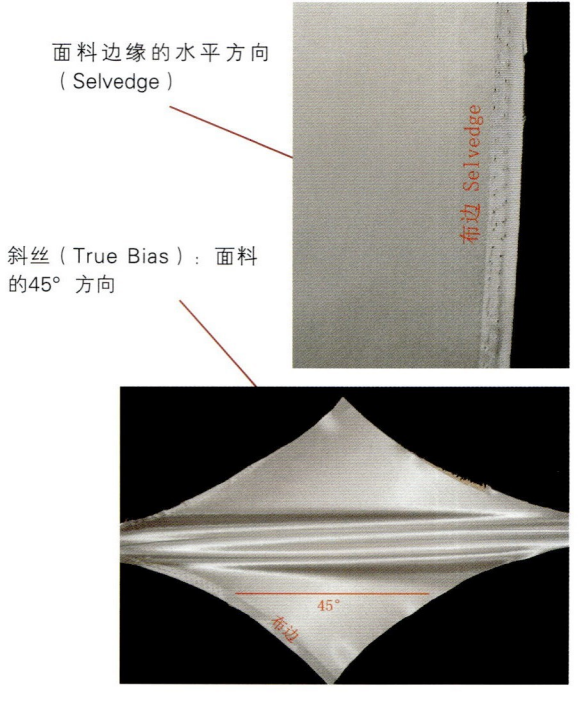

第四章　打破对服装设计的固有认知

服装设计是360°的

在进行服装设计的时候，永远要记住"服装设计是360°的"，不能只考虑前片的设计而忽略前后的呼应关系。

该设计的背面同样采用几何造型，这样的设计有两个目的：一是根据穿着需要固定两条背带；二是打破平衡。这套设计中所谓的"平衡"是面料下垂所营造出来的飘逸感和向下的线条。而用不规则的横线条和斜线条与此形成对比。就像悠扬的音乐旋律中突然出现一个清亮的音符，让人觉得幽静中多了几分活泼。

在左右两侧将一块长方形的面料用一颗大头针固定，任由面料自由下垂，形成自然的弧度和不对称的下摆，不要对这块长方形进行任何修改。同时模糊原本的侧缝

裙子部分采用斜丝。用大面积的长方形和三角形面料衔接来代替由于人体曲线所衍生出的省道

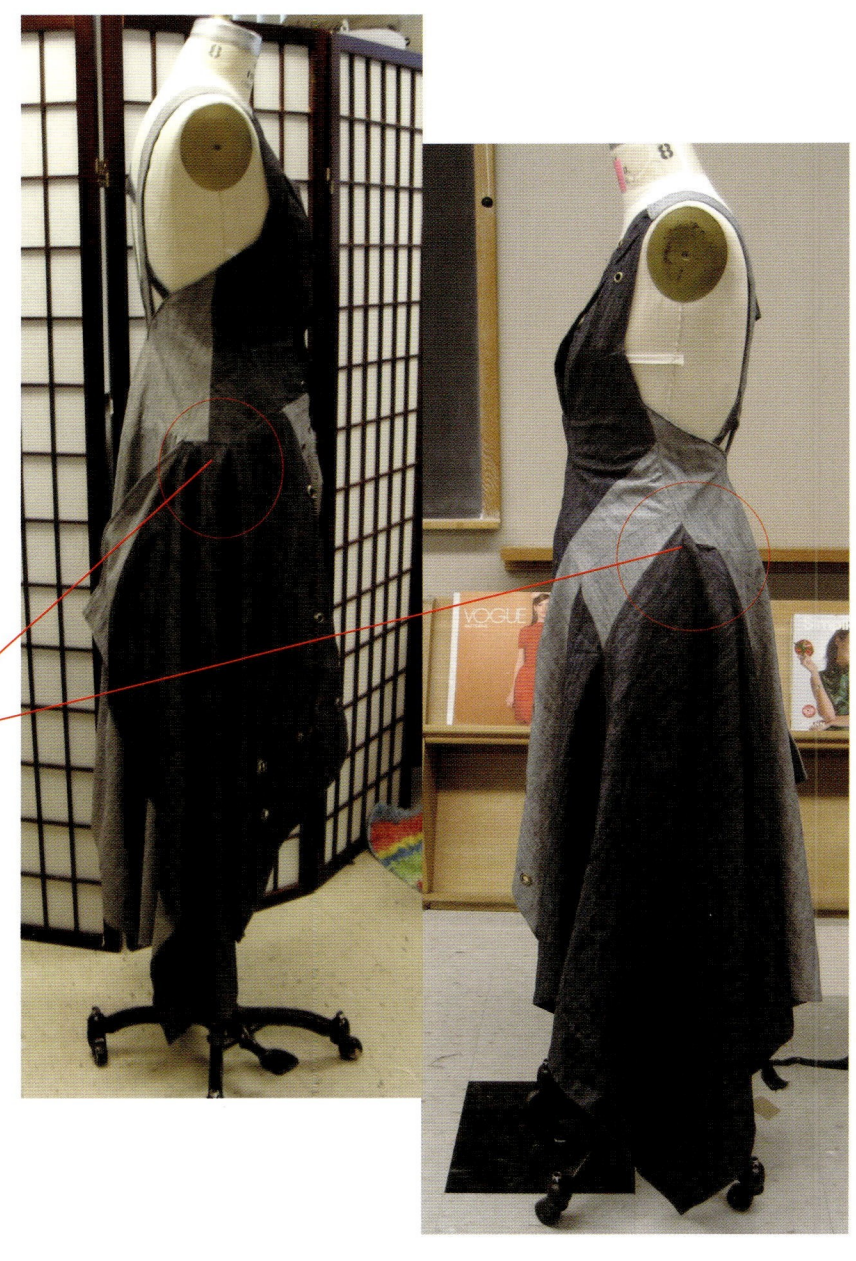

在成衣初步完成的时候，要根据主题、灵感及所要表达的设计思想来修改和完善。使它能更清楚、更完整地表达设计思想。

用牛仔面料的正反面来表现块面的衔接。用面料的下垂所造成的阴影和面料本身的色彩形成黑、白、灰的色彩关系。而在色块分布上则全凭感觉，但不能破坏色彩的整体感。前片以深色为主，零星点缀浅色的小裁片。一是为了突出结构并与背面大面积的浅色相呼应；二是制造一种活泼的动感，做到点、线、面的平衡。

配合穿着需要设计了一件非常简单的迷你裙。同样也是用分割的方式简明地与主体设计相吻合

由于这款设计在结构上采用了童年时流行的折纸手法，设计之初所追求的也是一种轻松、活泼的感觉，所以在细节上添加了表现气泡飘散效果的铜孔眼（Metal Eyelets），不规则的排列增添了童趣的效果

命名

作品的名称可以在作品开始之初形成，也可以在完成之后或过程中根据具体情况和过程感受命名。该设计名称来自一首老歌童年（*Days on My Past*）。

"I recall when I was young, I will play and always having fun with the neighbor next to me.
And we'll play until the setting sun.
Try to be the best among the others.
......
Who is the best how, those were the days on my past."

描写追忆童年往事，回味当初浪漫、无忧无虑的生活的歌曲。这种感觉完全体现了设计这套时装时的心情。追求一种轻松、愉悦、有趣的设计过程和效果。

服装设计的手法和风格不是一成不变的。每个设计师都有属于自己的设计方法。但是针对每一个特定的设计，则要使用相应的事半功倍的设计及制作方法。该课题则给学生提供了一个新的设计和制作视角，锻炼学生的形象思维能力，在没有图示的情况下，如何在脑海中组织形象，开始立体创作，锻炼脑、眼、手的统一。

设计感悟

这套礼服从灵感到做出成衣用了平时设计制作两套服装的时间。在制作过程中由于样衣面料和最终实物的面料在材质上的差别导致在制作成衣的时候不断修改板型，调整裁片在人台上的位置。零零碎碎的有30多个裁片。同学开玩笑地对我说我缝这件衣服的时候一定很想哭。的确，在制作过程中遇到了一些困难和瓶颈，但是最后的效果还是让我和导师比较满意的。每一套习作都会有这样那样的遗憾，但是遗憾的另外一面便是进步。因为有了这次在面料冲突上的问题，以后在设计制作中我便有了一个经验，制作样衣尽量选择材质和厚度相近的面料，以免导致板型上的偏差。

这次全新的设计体验，让我体会到了立裁的美和难度。完成这套服装的时候正是准备去迈阿密参加比赛之际，我在迈阿密的海边把相机里的照片拿给导师看，她很开心地对我说，她非常喜欢这套设计。伴着11月迈阿密温暖的海风，我的心从未有过充满了一种满足的感觉。就像眼前碧波荡漾的大海一样，我终于体会到了一种设计的自由和辛苦过后的喜悦。想起麦迪莲·维安勒（*Madeleine Vionnet*）说过的一句话：当女人微笑的时候，她的礼服也应该在微笑（When a woman smiles, then her dress should smile too）。我想作为一名服装设计师或学习服装设计的学生，在辛苦过后，看到顾客或他人在你的作品前会心一笑的时候便是你设计生涯中最为满足的一刻。

时装完成之后才开始绘制服装效果图和平面款式图。

80 美国课堂教学实录

第四章　打破对服装设计的固有认知

这套时装参加并荣获第26届爱荷华州立大学（Iowa State University）年度服装秀研究生唯一的一等奖。后被系里选送到国际面料与服装协会（International Textile and Clothing Association）年度会议中，入围研究生级别动态服装展览。

4

81

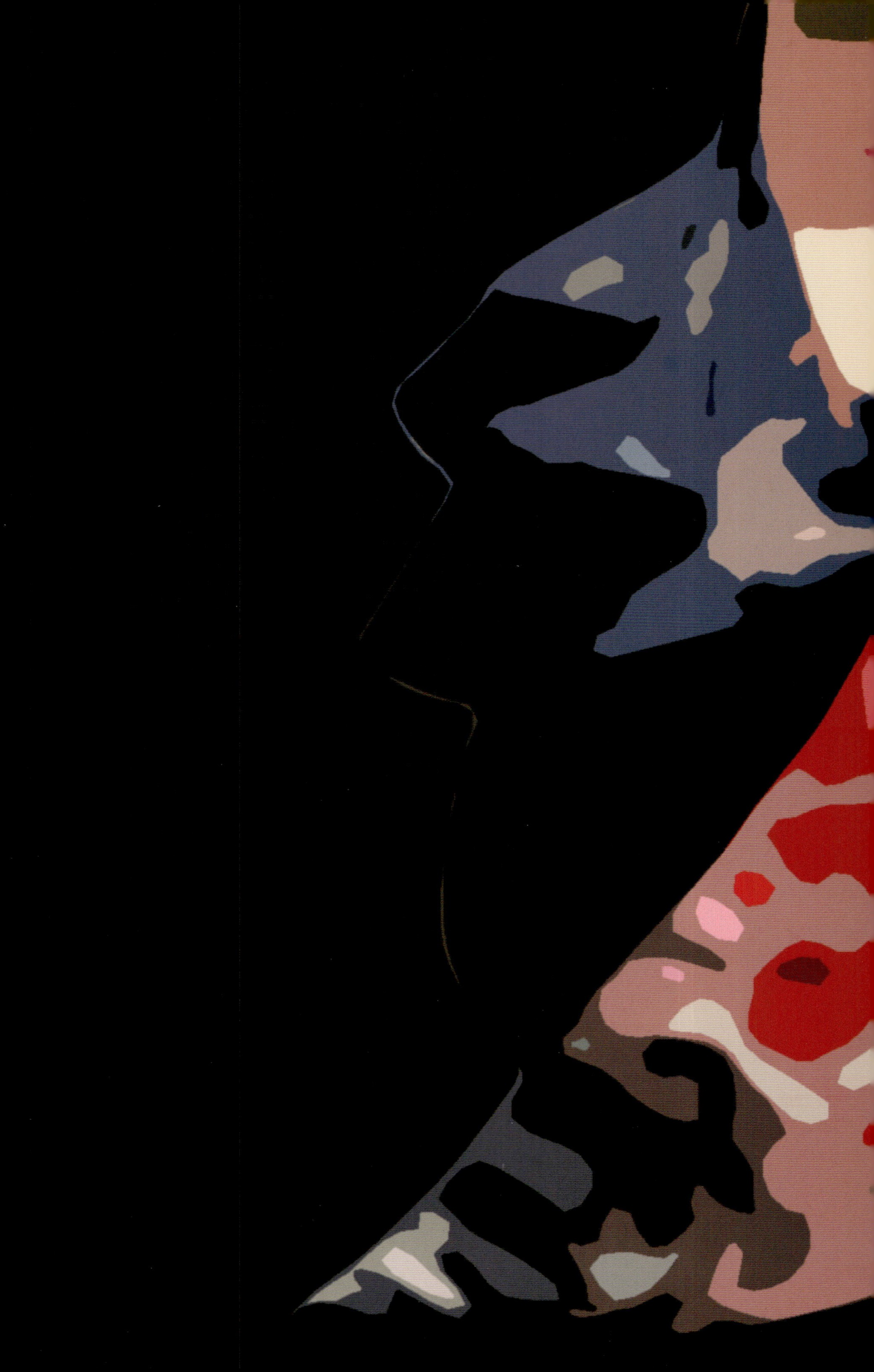

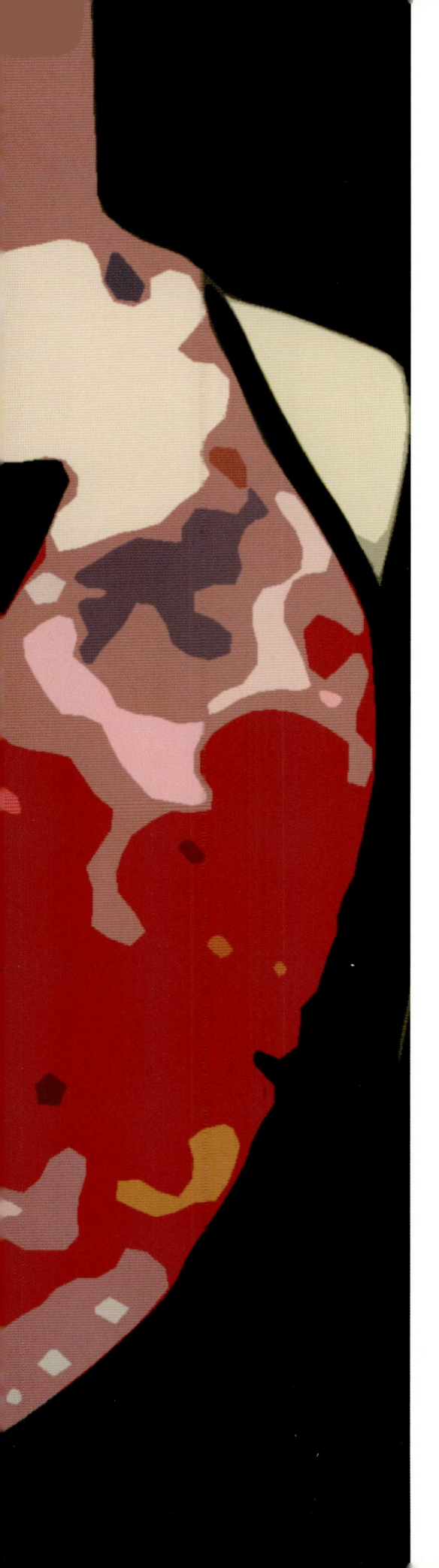

第五章
科技与服装的完美结合
(Digital Textile & Apparel Design)

EXPERIENCE WITH FLAT PATTERN OR DRAPING TECHNIQUES AND IMAGE MANIPULATION SOFTWARE REQUIRED. DESIGN DEVELOPMENT, ANALYSIS AND APPLICATION OF DIGITAL TEXTILE PRINTING TO TEXTILE PRODUCTS AND GARMENT FORMS.

5

课程介绍

课程名称	数码印染与服装设计	课程级别	研究生及博士生
课程目的				课程目标

课程目的	课程目标
这是一门综合设计,讨论数码印染技术与可穿性服装设计结合的课程。 课程将使学生理解和学习数码印染技术及如何将该技术与面料和服装设计相结合。 要求学生具备熟练的平面制板或立体裁剪的能力,图片设计处理能力,熟练操作图片设计及软件处理。	• 学习操作宽幅面数码印染机（Wide-Format Digital Inkjet Printer）。 • 通过多样的设计过程完成数码印染服装的创作和制作。

设备

宽幅面数码印染机最早出现于20世纪90年代,由于它相对快速和低成本的优势迅速取代了一些传统的摄影冲印方式。通过对油墨质量的改良,宽幅面数码印染机逐渐应用到面料打印上。这项曾经昂贵的新技术被一些独立艺术家、设计师和艺术组织的专家们运用到艺术创作中,直到最终被广泛应用到工业生产中。

宽幅面数码印染机成为一种安全、环保的面料打印方式。与传统打印方法相比,它使用更少的油墨和燃料,甚至不用水。可以按照需要购买经过化学预处理的面料,消除了化学染料对环境的危害。

背景知识

在如今科技迅速发展的时代,传统的面料和服装市场正在通过创造（Creative）、技术（Technical）和产品开发（Product Development）不断变化着。科学技术在设计创作的发展中成为越来越重要的工具。数码相机、电脑、软件和高分辨率打印机的出现引领了一场数字革命,使图片和视觉艺术更为广泛并极为迅速地应用到全世界各个领域。数码印染在传统的面料设计、改造和创新的基础上加入了新的创新和美学技术,并使传统技术更好地相互作用。同时数码印染技术还为服装设计提供了更为广阔的设计空间和可能性。这些技术将设计师从局限的面料创作中解脱出来,为面料设计师与服装设计师之间的合作提供了一个广阔的空间。

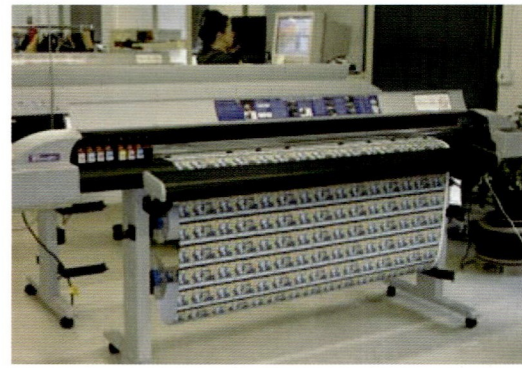

第五章　科技与服装的完美结合

　　在早期的一些艺术家的创作中出现了将印刷品与画作结合的艺术形式。其中最为著名的是视觉艺术运动（Visual Art Movement）的领导者安德鲁·沃霍尔（Andrew Warhola，1928/8/6～1987/2/22），流行艺术（Visual Art 即 Pop Art）。其他具有代表性的艺术家有：罗伯特·劳森伯格（Robert Rauschenberg）以及女性画家姬姬·史密斯（Kiki Smith）。

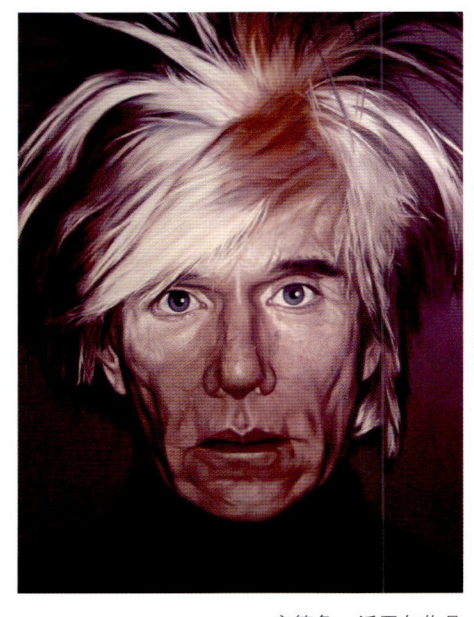

安德鲁·沃霍尔作品

罗伯特·劳森伯格作品

姬姬·史密斯作品

85

课题
本章节课题围绕服装设计和数码印染技术展开。在开始设计创作之前，学生要先完成一份正式的"设计计划书"（Project Proposal）；在课题完成之后提交"设计评估报告"（Project Completion Evaluation）。

学习写设计计划书

在一门设计课程最初的阶段，学生会被要求写一份设计计划书，即Project Proposal，Design Proposal。通常要包括以下内容：
- 设计的目的或目标。
- 该设计对服装制造业（Industry）、艺术界（Art World）、教育界（Education）的影响。
- 方法：1. 预计完成设计制作的具体过程。
   2. 预计最终设计的具体描述。包括色彩搭配、面料种类、制作手法、应用场合等。
- 设计存在的潜在的可能性及局限性。
- 报告中必须包括图片或图示来支持观点。
- 数码印染如何应用，如何提高对设计的影响和与设计的相互作用。

学习写设计评估报告

设计结束后，一份完整的设计评估报告是非常必要的。正如第一章所讲到的，评估报告是对作品的评价和总结。在此课题中，除了第一章所列举的一些内容之外还要包括如下几方面：
- 具体阐述最终作品的特点：
颜色：颜色的搭配和对作品的影响。
面料：对面料的使用和出现的问题。
制作与完成方法：配合图例介绍制作方法以及如何将数码印染与服装进行结合，达到相辅相成的效果。
应用场合。
服装各个角度的照片。
- 未来可能需要继续拓展的与该设计相关的系列设计或信息。
- 数码印染的作品是否达到预期的效果并详述其过程。

> **小窍门**
>
> 在写设计计划书的时候，可以加入自己对完成设计作业的时间安排。列出预计每个步骤所需要的时间，按照这个时间表完成作业。这样可以避免时间的浪费以及后期追赶作业的现象。作为服装设计师无论在工作还是学习中都要严格遵守时间安排和流程工作，要有目的、有计划地进行设计。在学习之初便养成时间和流程观念，为日后的设计工作打下良好基础。

第五章　科技与服装的完美结合

快速设计练习

- 在小型人台上用5～10分钟的时间完成立裁造型。
- 练习快速的设计反应能力。
- 整个过程最多不超过10分钟，这是一次极好的体验设计乐趣的练习。

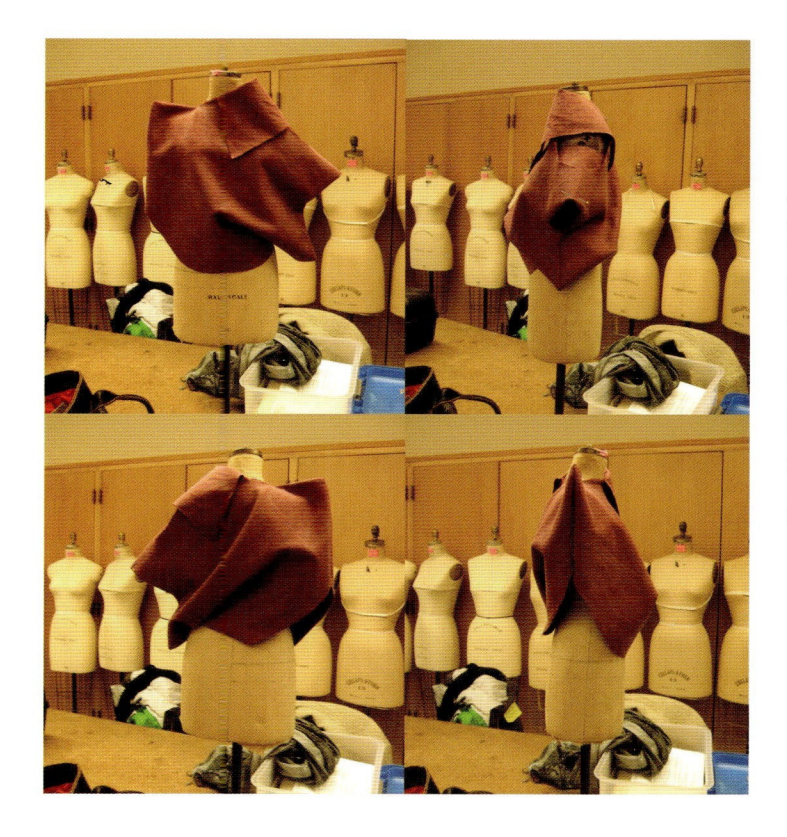

左面4张小图是课堂上做的一个快速练习，这件小作品是在随机的情况下完成的。老师让我们随意选取一个几何形体，可以与其他形体拼接，也可以在原本形体之上进行裁剪，经过缠绕和缝合后做出一件小作品，并且打破常规地穿着在小型人台上。由于面料会随着人体的起伏产生一些褶皱，从而达到一种意想不到的效果。这种情况下，可以锻炼学生快速地在脑海中形成影像的思维以及快速的实践能力和形象思维能力。

下面4张小图是一款小礼服的设计。在这种快速练习中，老师往往不设定任何题目和方向，任由学生自由发挥，因为人台体积很小，所以在造型上非常容易成形。学生可以尝试任何想象中的造型，做一些有趣的实验。通常在进行"实验性"设计时，小型人台的利用率非常高。可以快速准确地表现服装造型，节省时间和材料，将一闪而现的灵感快速地记录下来。

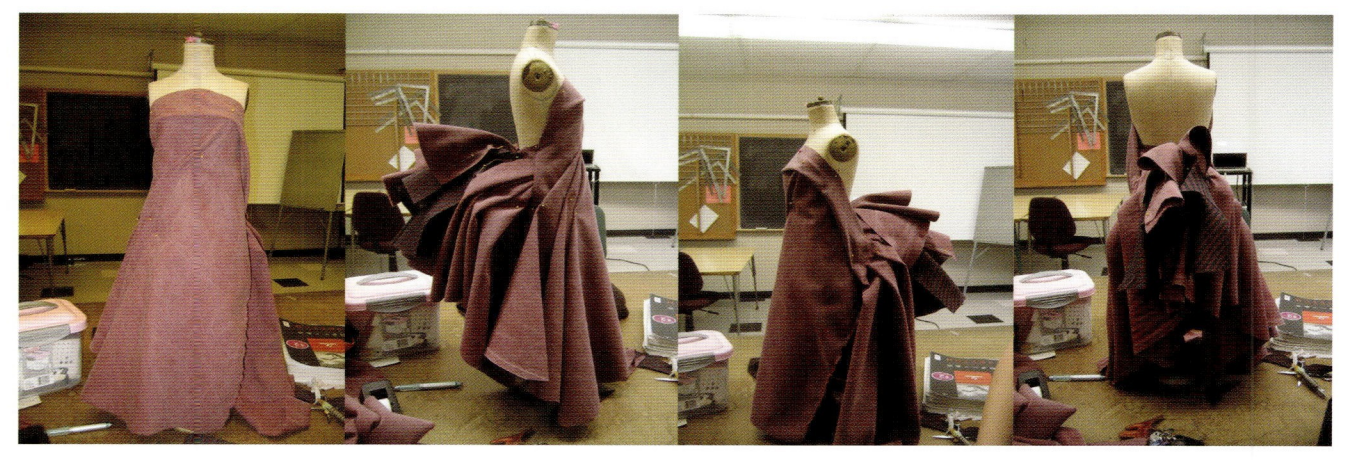

87

设计实例

灵感来源

作品色彩及图案灵感来源于作者父亲的中国写意花鸟画。很早之前便有将父亲的国画运用到服装设计中的想法。在选修数码印染课程的时候，这个夙愿得到了实现。选取光滑细腻的真丝缎（Silk Charmeuse）作为面料将国画饱和艳丽的色彩完美地呈现出来。

第五章 科技与服装的完美结合

在造型上，灵感来源于中国少数民族的银饰。苗族和黎族的妇女在重大的节日或嫁娶之日会盛装打扮，以大量的银质项圈作装饰。而服装则以大量的黑色为主体色配以红色、蓝色作为装饰。因此，造型设计是利用柔软的面料表现少数民族妇女胸前的装饰，强调胸前造型。

89

主题创意板制作

在确定色彩和款式的灵感之后，制作一个主题创意板，将得到的信息综合在一起。创意板的制作可以用图形图像处理软件（Photoshop）等电脑软件排版，打印出来。也可以将搜集到的与灵感相关的杂志页面、面料、照片等粘贴在创意板上，能直观说明你的创意来源即可。

该主题创意板除了将色彩灵感与造型灵感制作在一起，还选取了路易·威登（Louis Vuitton）的服装作为对色彩和款式的呼应和支持。使创意板在版式和内容上更具体更丰富

绘制服装草图

确定灵感来源之后，开始进行"初期"创作——设计服装草图的绘制。

在设计初期通过对课题、灵感来源的分析之后，将自己的设计想法绘制在纸上。可以根据一个最感兴趣的点来发散思维。将所有跟此主题相关的所能想到的设计的可能性都记录下来。可以是一个局部、一件单衣、一个闪现的小灵感；也可以创作几个系列，从中选出最能表达设计观点、充分代表此主题设计个性的草图开始进行服装创作。

通常在设计课堂上，对设计服装草图数量的要求不低于30张。目的是训练学生快速创作的能力，为以后的快节奏工作打下基础。

制作样衣

通过对服装草图的绘制，将设计重点集中在如何通过柔软的丝绸面料表现少数民族妇女的胸前装饰。通过色彩上的衬托来突出数码印染的艳丽色彩。再将色彩与服装结构巧妙地结合是此次设计的重点。

确定设计重点之后，便要开始样衣制作。选取草图中最感兴趣的一套作为制作的开端，可以让自己在最开始就保持一个兴奋的创作过程。

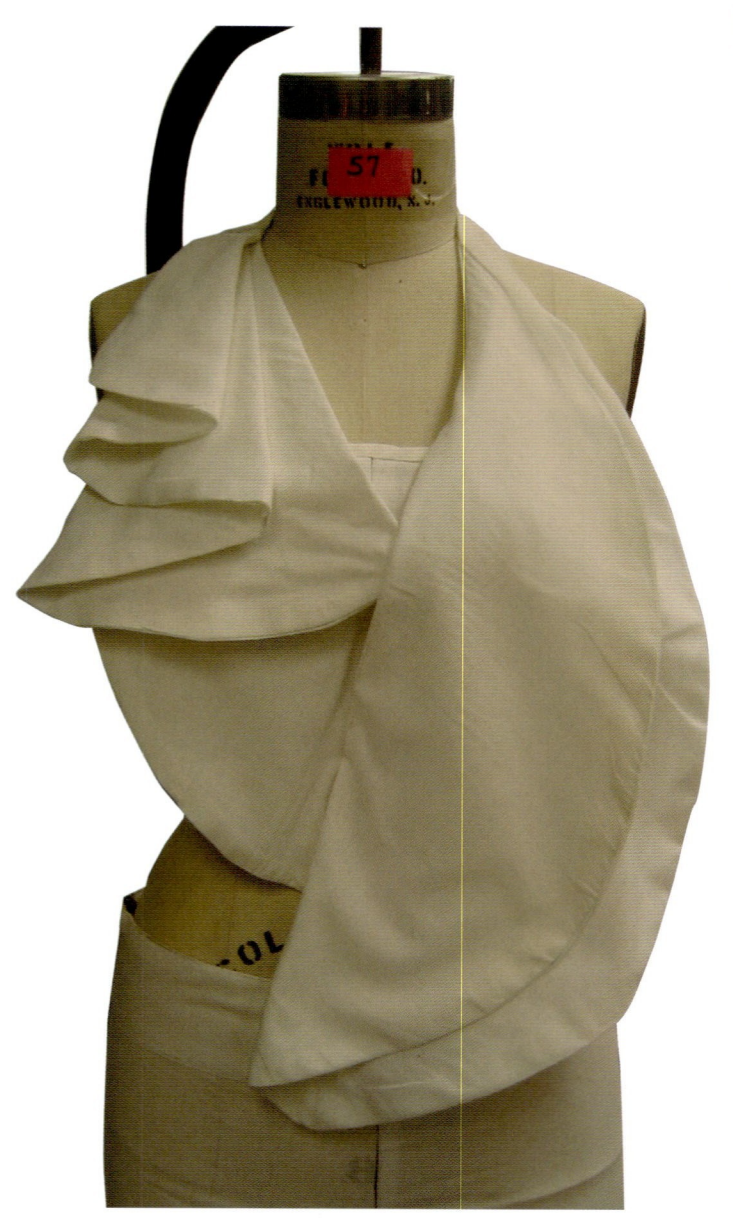

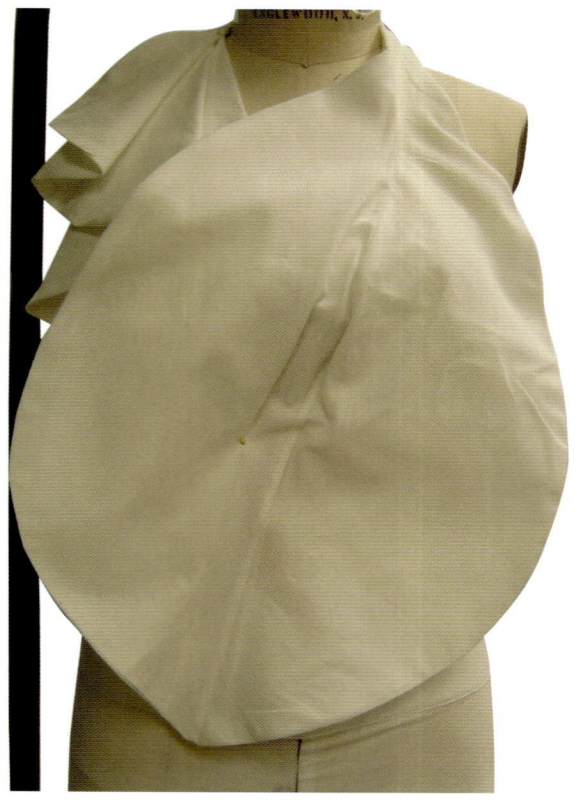

采取立体裁剪的方式。在板型设计上利用简单的板型来完成较复杂的展示效果是这次板型研究的重点。通过多次试验，终于实现了在造型结构上所期望达到的自然悬垂形成的荷叶边和大面积整体造型的效果。最终成形的上衣部分仅用了两片就完成了整个造型

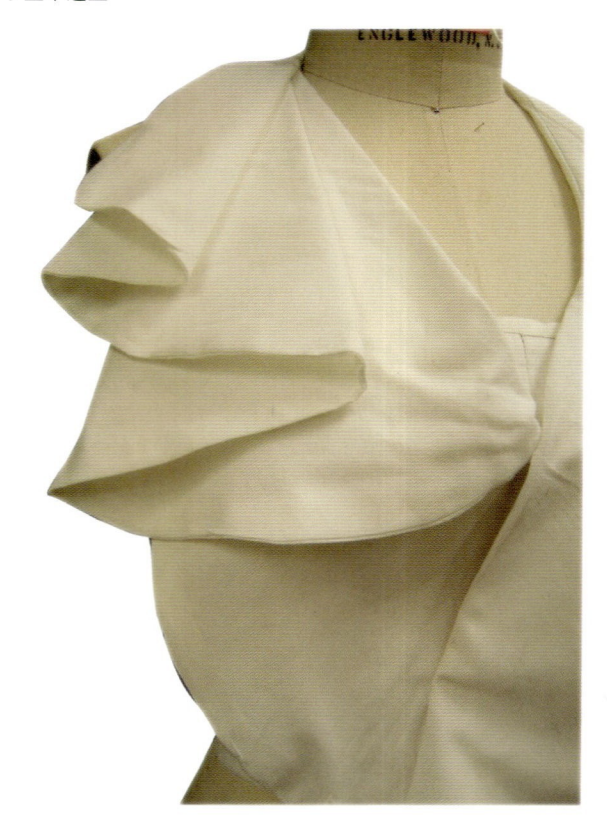

第五章　科技与服装的完美结合

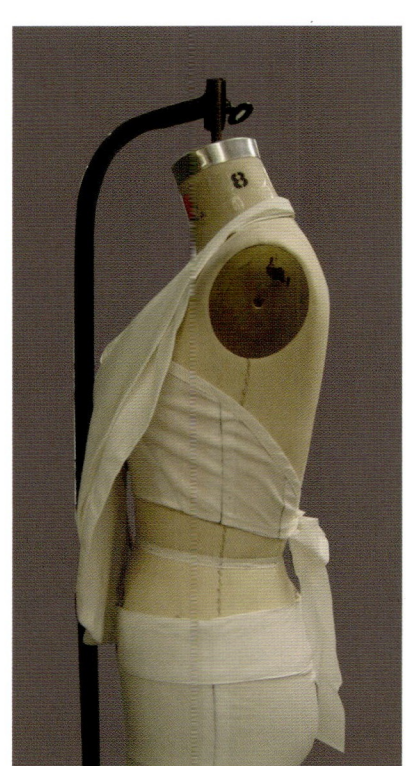

完成上衣的样衣制作之后，逐步完成裤子和搭配的内搭衣的制作。

制作样衣阶段是将纸上的平面形象转化成立体的实物造型，是检验头脑中的服装造型能否实现的一个过程。在绘制服装草图阶段，不但要考虑创意性还要同时考虑造型的合理性，即是否这个创意最终能否实现。仅仅有好的创意想法对于一个好的服装设计师来说是远远不够的。

通常，第一次的试衣工作是在样衣制作完成之后进行的。确保样衣在真人模特身上穿着无误，修改好板型之后，才能进行下一步的成衣制作。

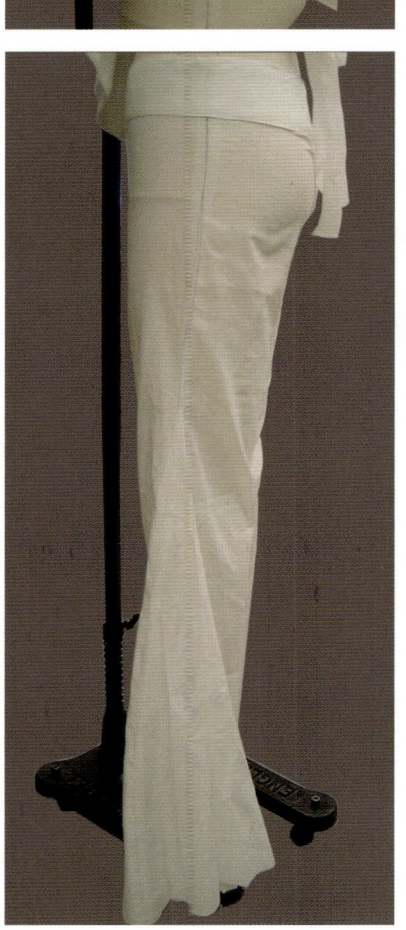

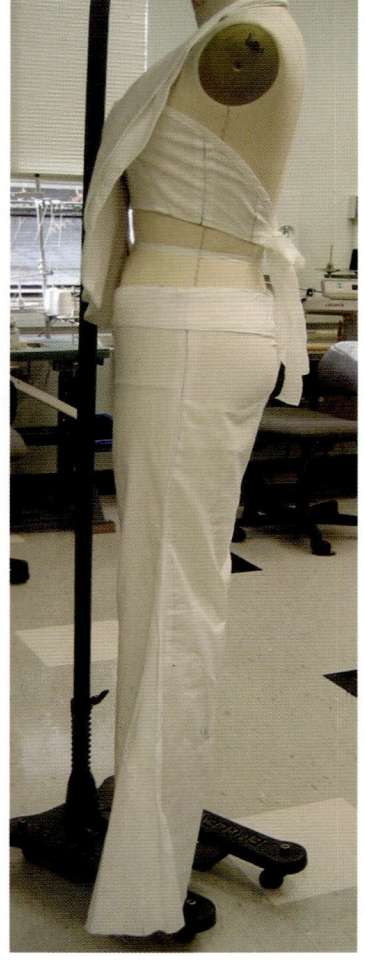

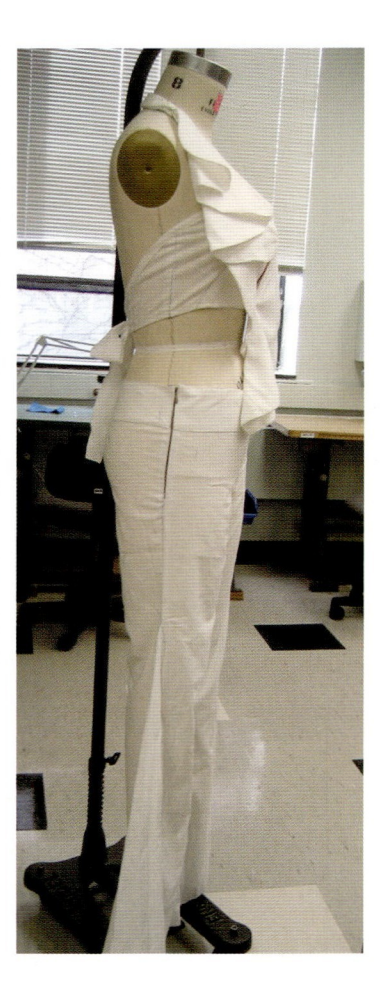

93

纸样处理

样衣及试衣完成之后，将确定无误的裁片形状转移到纸上，再将绘制好的需要印染的纸样扫描到电脑中，进行图片处理，准备打印。

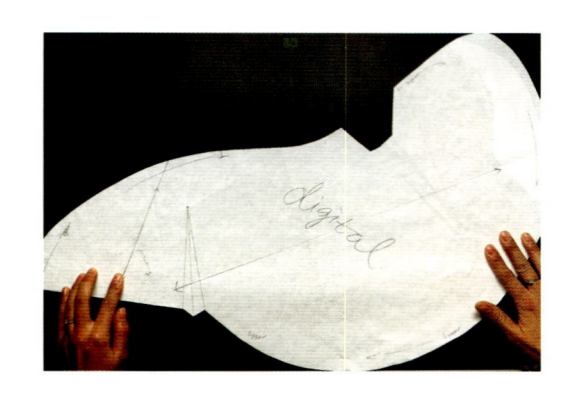

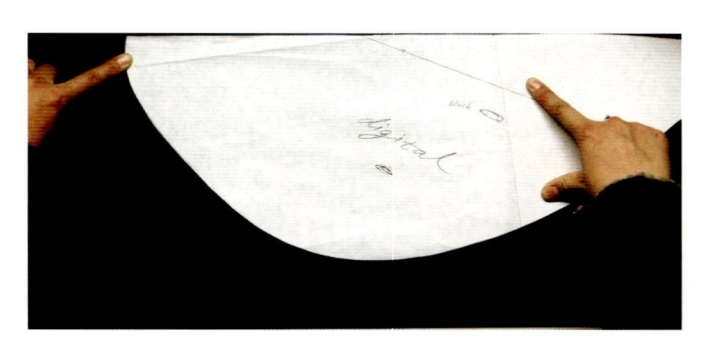

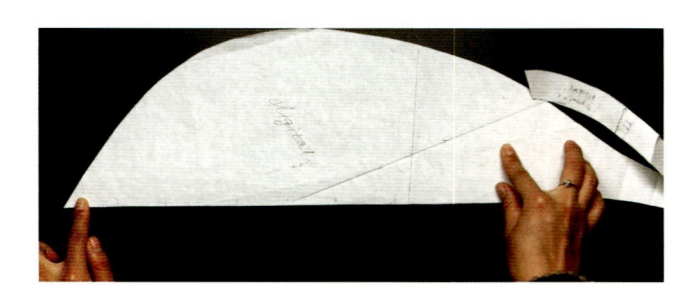

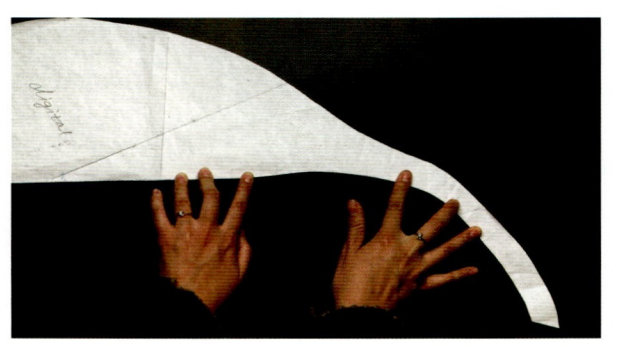

在实际生产操作中，是由计算机辅助设计（CAD）和扩板系统将纸样扫描到电脑中，再投入生产。而在学校学习阶段，由于设备原因，先通过大型扫描仪将纸样分段扫描到电脑中，再通过图形图像处理软件（Photoshop）将纸样制作成完整的轮廓图型。

第五章　科技与服装的完美结合

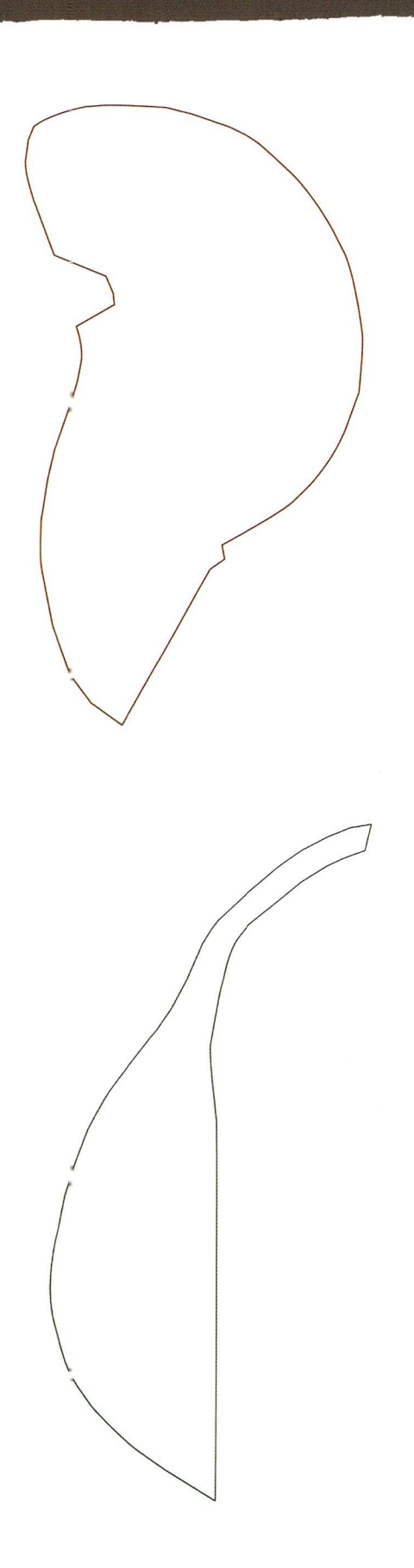

通过图形图像处理软件（Adobe Photoshop或Illustrator）转化成干净的外轮廓线。

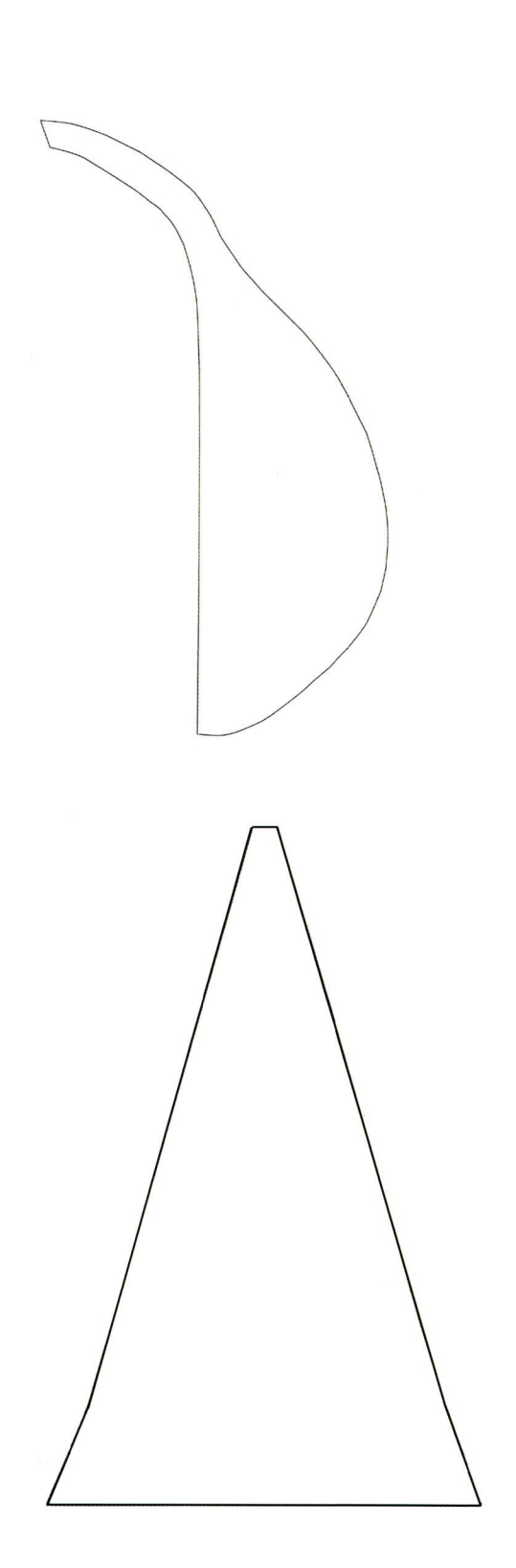

将要打印的裁片排好板。

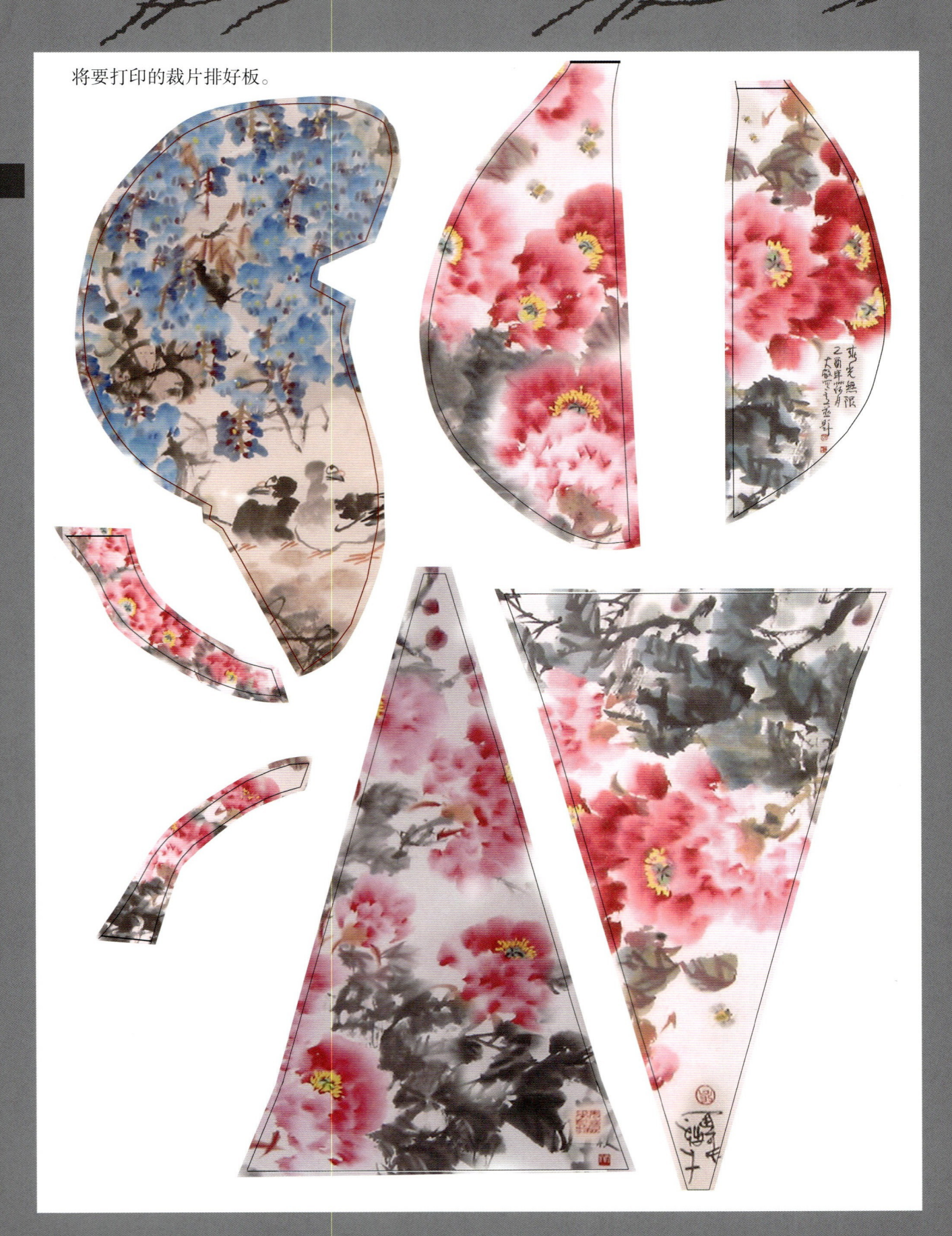

96　美国课堂教学实录

第五章　科技与服装的完美结合

制作成衣

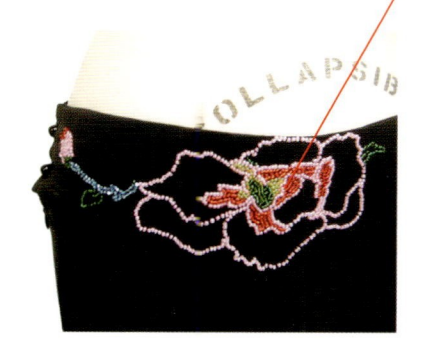

颜色处理上，用黑色衬托数码打印的部分，也使设计的整体性更强，上衣和裤子相呼应。再用珠绣进行细节处理，增添了服装的传统性和趣味性，腰部的牡丹花图案与上衣的牡丹相呼应，背部的缎带底部也相应绣上珠片。

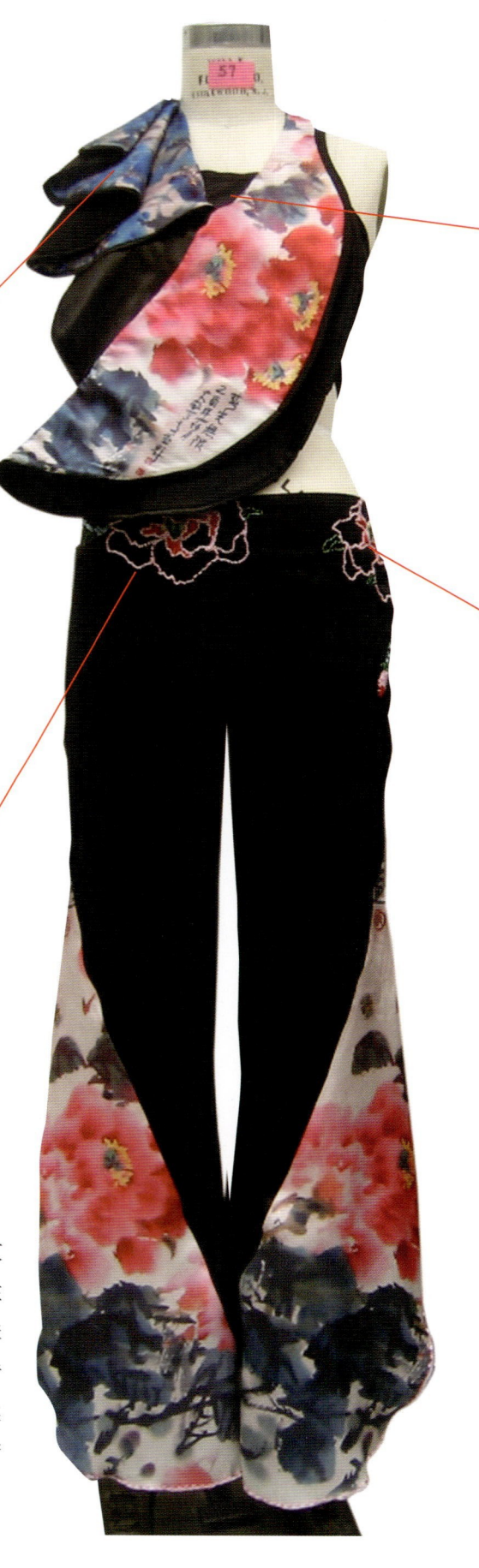

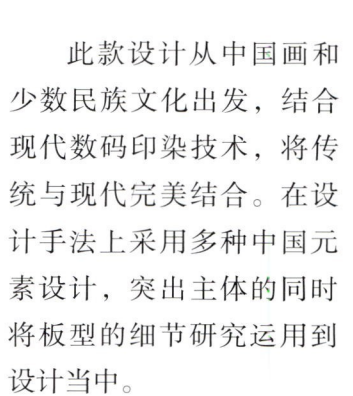

此款设计从中国画和少数民族文化出发，结合现代数码印染技术，将传统与现代完美结合。在设计手法上采用多种中国元素设计，突出主体的同时将板型的细节研究运用到设计当中。

97

设计感悟

在美国学习设计的几年当中，我更喜欢把中国的传统文化作为灵感来源融入到服装设计当中。其中的一种情感是来自对祖国和家乡的思念，而另一种情感是对传播中国文化的一种使命感。

我在课堂上或平时与美国学生的交流中感觉到中国文化在全世界传播影响力之弱。我经常听到美国学生对日本传统文化侃侃而谈，甚至用来作为灵感来源，而对中国文化知之甚少，甚至从来没有听说过。在惊讶之余，一种使命感让我不由自主地时刻向美国的教授、同学和朋友讲解我所知道的中国传统文化。从一道菜、一张有趣的图片，到我的设计。这个设计便是一个典型的例子。通过报告（presentation）和服装的展示，将中国写意花鸟画的意境、笔法、色彩通过服装的形式展示在同学和老师面前。让他们了解中国悠久的历史长河中孕育了多么伟大的一种艺术形式，一个拥有56个民族的国家有着多么丰富的文化财富，这些宝贵的财富是中国的也是世界的。

当我看到他们眼中充满好奇和兴奋，听到他们一句句的赞叹，从他们对国画和中国少数民族的不了解到不停地问我关于中国的方方面面，我终于感受到了比设计更大的幸福、喜悦和感动。

这便是设计的魅力所在——比语言更有力的传播工具。你所要表达的情感、思想、文化、内涵、背景，通过这一媒介都能直观地展现出来。你也可以通过她来抒发你的情感，记录你在这一阶段的感受。

98　美国课堂教学实录

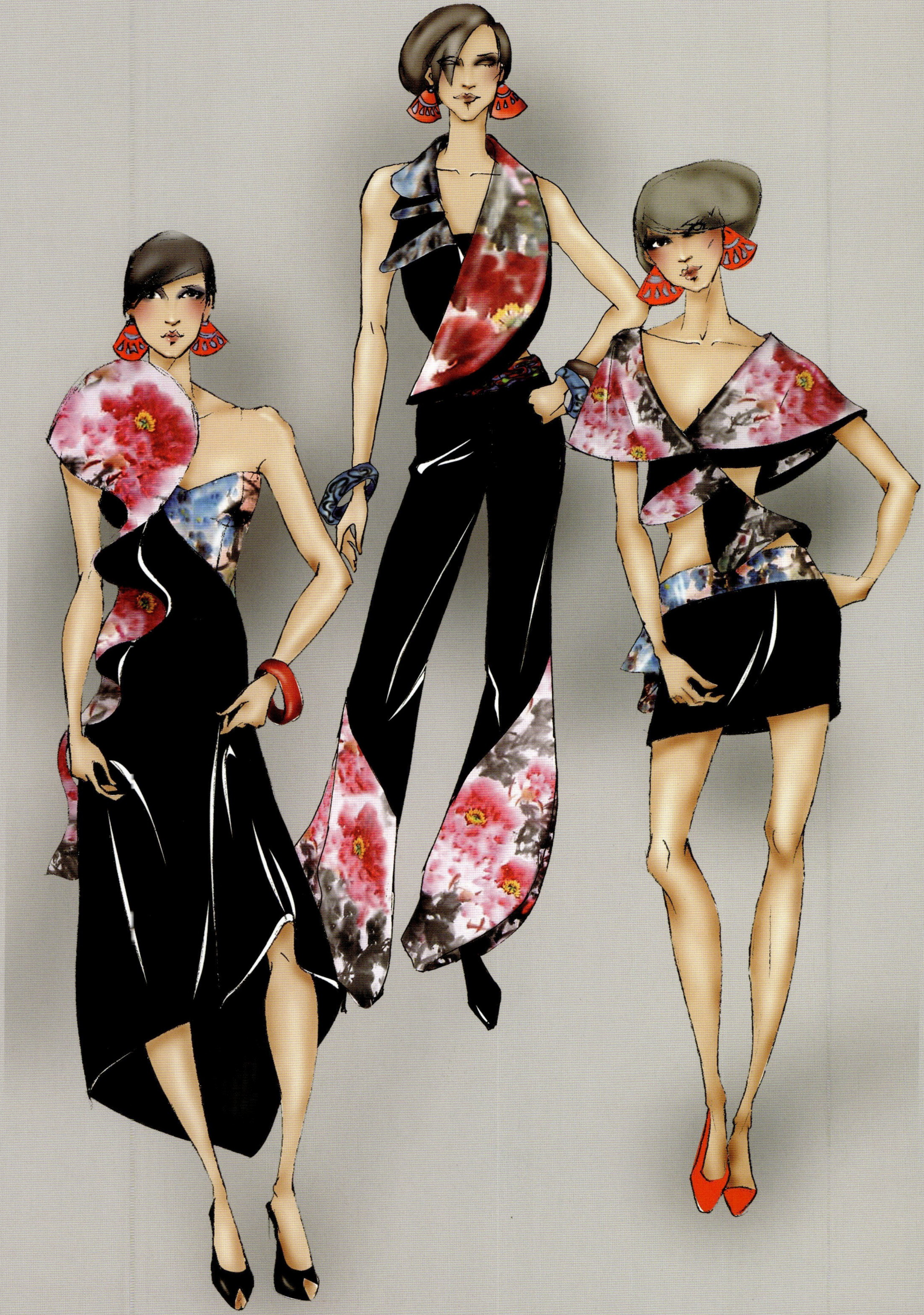

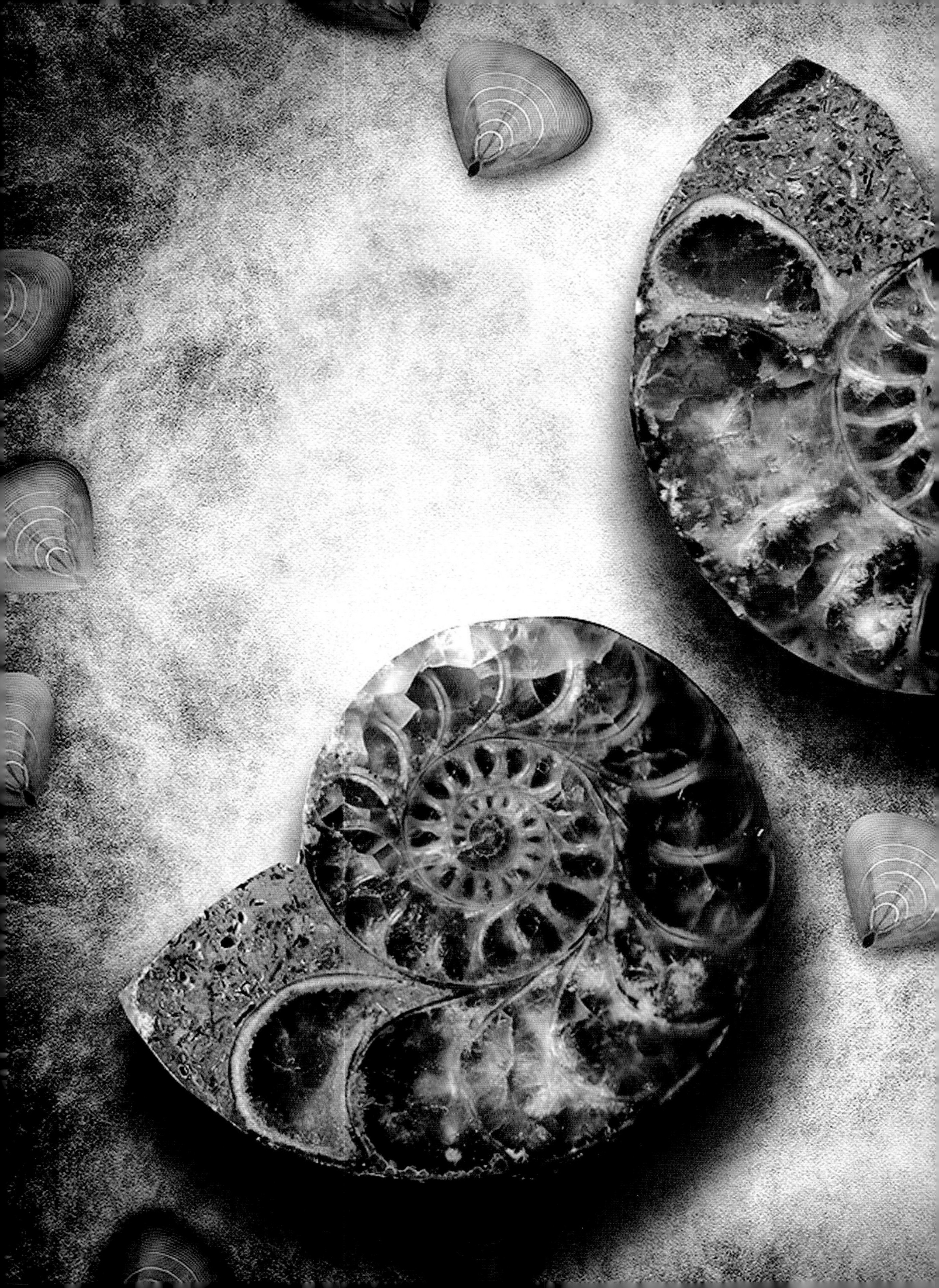

第六章
创意服装设计
(Creative Design Process)

EXPLORATION OF THE CREATIVE PROCESS AND SOURCES OF INSPIRATION WITH EMPHASIS OF FASHION PRESENTATION AND DESIGN DEVELOPMENT FOR A VARIETY OF MARKETS. USE OF TRADITIONAL AND NON-TRADITIONAL MATERIALS TO CREATE INNOVATION GARMENTS.

6

课程介绍

课程名称	团体合作：费波纳奇数列与服装设计	课程级别	本科生、研究生及博士生
课程目的		课程目标	
根据不同的服装市场定位，通过作品展示、探讨创意过程和灵感来源的方式，使用传统或非传统的材料对服装进行大胆创新。 要求学生具有熟练的服装效果图绘画技巧、打板和制作技巧。		• 使用并扩展打板技术，整合设计过程。 • 充分了解面料特性，将面料改造（Surface design）、手工技艺（Craft techniques）和服装造型结合在一起。 • 讨论设计元素和法则在服装设计处理手法上的运用能力。 • 按照设计进程展示创意板（Concept board）。 • 积极参与课堂讨论，客观评价作品。	

课程	课程要求
	项目（Project）：团队合作（Team work）——二维/三维设计整合（2D/3D Integration）。 合作人数：两人一组。 课程要求：团队合作，共同完成一套创意服装设计。 课题完成时间：两周。
	个人评价内容
	• 团队合作中遇到的问题。 • 如何解决过程中遇到的问题。 • 从课程中受到的启发。 • 对最终设计的自我评价。

团队合作的训练在美国大学的课堂中非常常见，尤其在本科阶段的课程中，创意服装设计团队合作（Team work）穿插在各门课程不同的课题当中。使学生在走出校门进入社会后可以很快地融入到企业中，也使个人能力在团队合作中发挥最大的作用。

对于服装设计这个看似个人行为的活动中，团队合作的成功与否无形中决定着设计师的设计思想是否能最终转化成生产力。作为一名企业中的设计师，"团队"这个概念充斥在工作的各个方面。在设计之初，服装设计师要与平面设计师分析当季流行色、图案的设计；与制板师、样衣师、缝纫工合作完成初期样衣的制作和修改；之后再与工厂、供应商、质检部门、生产部门等协商和沟通，进而完成整季的设计作品，看似分工明确的各个部门实际却联系紧密，缺一不可。

在课堂练习过程中，团队合作的难点在于如何协调各自持有的观点，何时让步，何时坚持己见，如何分工，队长（Team Leader）的推选等都是训练的主要方面。

为锻炼学生的团队合作能力，在课程开始时会进行非常有趣的团队合作练习。

练习一：教室中央摆一架人台以及一块足够制作一件小礼服的面料。教授首先在面料上剪出第一刀，并随意固定在人台上。第一个学生在教授裁剪的面料和摆放的基础上进行修改。可以裁剪、重新摆放面料，或进行其他变化，但只能操作一步。接下来每个学生在前一个学生完成的基础上进行修改或者变化，每人操作一步，到最后看服装变成什么样子。

这个练习非常有趣。通过每个学生的操作过程，可以看出每个人对设计的不同理解。有人关注于细节，有人关注于整体，有人偏好面料层次上的细节。在这个有趣的练习中无所谓对与错，设计本身就没有对与错之分的。训练的目的在于让学生大胆地展示自己的想法，有胆量破坏前人的设计，进行创新。

练习二：将班级中的20人分成五组，每四人一组进行分组创作。时间为10～15分钟。只进行简单立裁，不需缝合。团队中推选出一名队长（Team Leader），在队长的领导下进行分工合作。

最后完成的作品虽然不一定尽如人意，但是在这种快速练习中学生可以初步体会到团队合作的乐趣和难度，为接下来的创作打下基础。

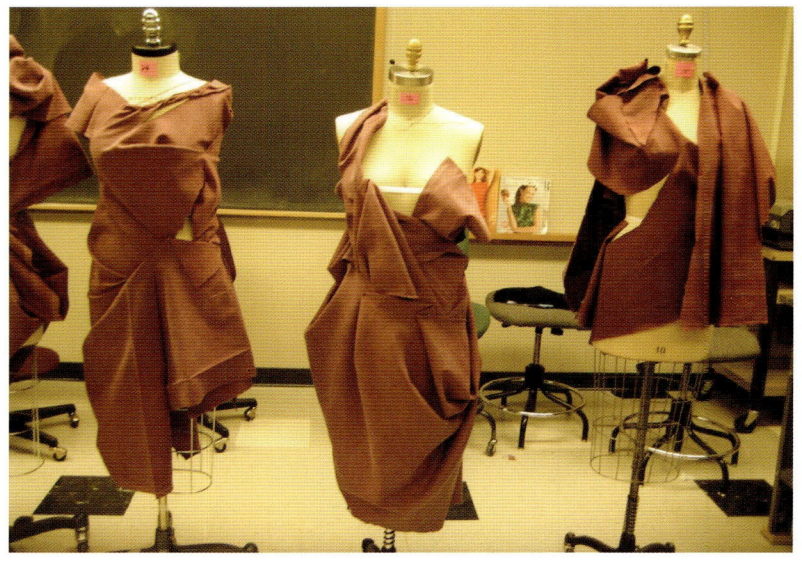

课程要求两个同学一组，合作设计一套创意服装设计。与我合作的是一位同样来自中国的博士生。我们各自利用一天的时间到图书馆查找资料，提取自己感兴趣的灵感来源和设计定位（礼服、女装成衣、男装成衣或童装等），并画出草图。第二天将自己的想法与对方讨论。

理科背景的合作者有着相对于我更为理性的设计思维。他所选取的灵感来源切入点也与其背景有着相当大的联系——利用"费波纳奇数列"及相关图形作为灵感来源。这对于我来说也是一个相当新奇的想法。我们找到很多与之相关的图片作为启发灵感的源头，并确定用创意礼服来表达这个新鲜的课题。

切入点很快确定下来，但用哪种面料来实现这一问题让我们奔走于各个面料商店寻找解决办法。我在很久之前便有尝试用粗麻布（Burlap）来设计制作一套服装的想法，但苦于一直没有好的想法。我将这个想法告诉了合作者，他也觉得也许我们可以做一个"实验性"的设计（Experimental Design）。粗麻布由于具有非常硬挺的特性，可以很好地保持服装的造型，塑造出费波纳奇数列所形成的螺旋状造型。而且基于其粗糙的表面很利于面料的再创造。

背景知识

费波纳奇数列是以一个最简单的数字1、2、3为基础数列的。把这个简单数列的后两位数字不断相加：1+2=3，2+3=5，3+5=8，5+8=13，8+13=21，13+21=34就可以得出费波纳奇数列：3、5、8、13、21、34、55、89、144……以至无穷。归结为公式为f(1)=1，f(2)=2，f(n)=f(n−1)+f(n−2)。数列f(n)称为"费波纳奇数列"。头几项为1、1、2、3、5、8、13、21等。数列中除前几个数字外，任何两个连续数字的比率约为1.618或两个数字的反比为0.618，即"黄金分割律"。该数列如果用图形表示即为螺旋形。

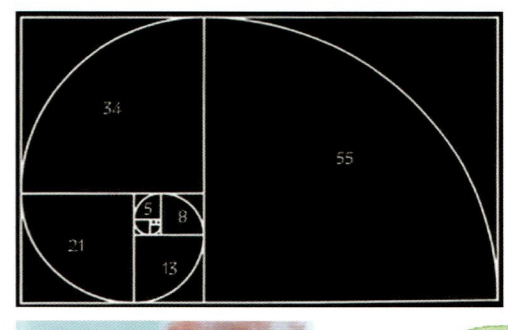

自然界中最为常见的图形——海螺形

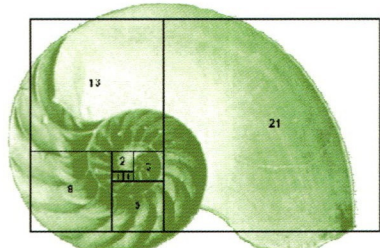

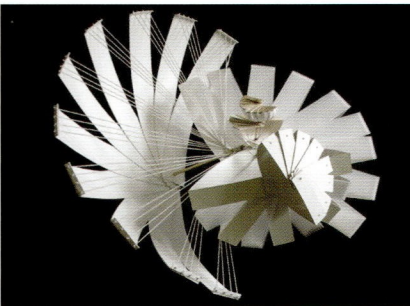

第六章 创意服装设计

服装制作过程完全采用立体裁剪的方式。所有造型和结构的设计在制作过程中完成，因此没有设计草图的绘制过程。

将收集到的灵感图片制作成主题创意板

105

设计实例

课程主体	
•使用并扩展打板技术，整合设计过程。	•按照设计过程，展示创意板。
•充分了解面料特性，将面料改造、手工技艺和服装造型结合在一起。	•依据课程进程，阶段性地展示创作过程：设计图、样衣及成品。在展示过程中运用有力的视觉、口头和写作等交流手段。
•讨论设计元素和法则在服装设计处理手法上的运用。	•积极参与课堂讨论，客观评价自己和他人的设计作品。

课程要求	学生必须进行"独立"设计。收集、归纳设计过程中所进行的面料选购、设计元素、灵感来源等。设计内容须符合现今流行趋势。充分利用网络或书籍资源进行设计研究。 　　在课程结束时，提交"设计日志（Design Journal）"。从设计之初便要开始记录，其中包括在此设计进行中所经历的设计思考、转变、面料的收集、取舍、草图及修改意见、样衣及成衣成品照片、设计手记等。
评分标准	分数评判标准基于学生研究和设计的能力与结果。也包括解决问题的能力、设计、面料选择、打板、服装完成的状态。课程注重创意（Creative），因此创意设计制作（Creative Decision-making）将作为评分的主要标准。

第六章 创意服装设计

　　灵感来源确定之后开始研究用何种表现手法来表达螺旋状的造型。就在这时团队合作的矛盾终于显现出来了：合作者想以非常规律的半圆形缝合弧形边缘并逐渐加大边缘来形成围绕人体的螺旋状；我则希望先不对面料进行裁剪，用折叠的方法制造出螺旋形状。我们先后对各自的方法进行了试验，终于确定采用我的设计方案。原因有两个：一是我的方法由于先不裁剪面料，因此节省了大量的面料；二是在艺术视觉效果上更能体现螺旋状而不失柔性美感和造型的流动性。更重要的一点是节省制作时间，以便我们可以在紧张的两周时间内顺利完成作品并有充足的时间进行细节调整。

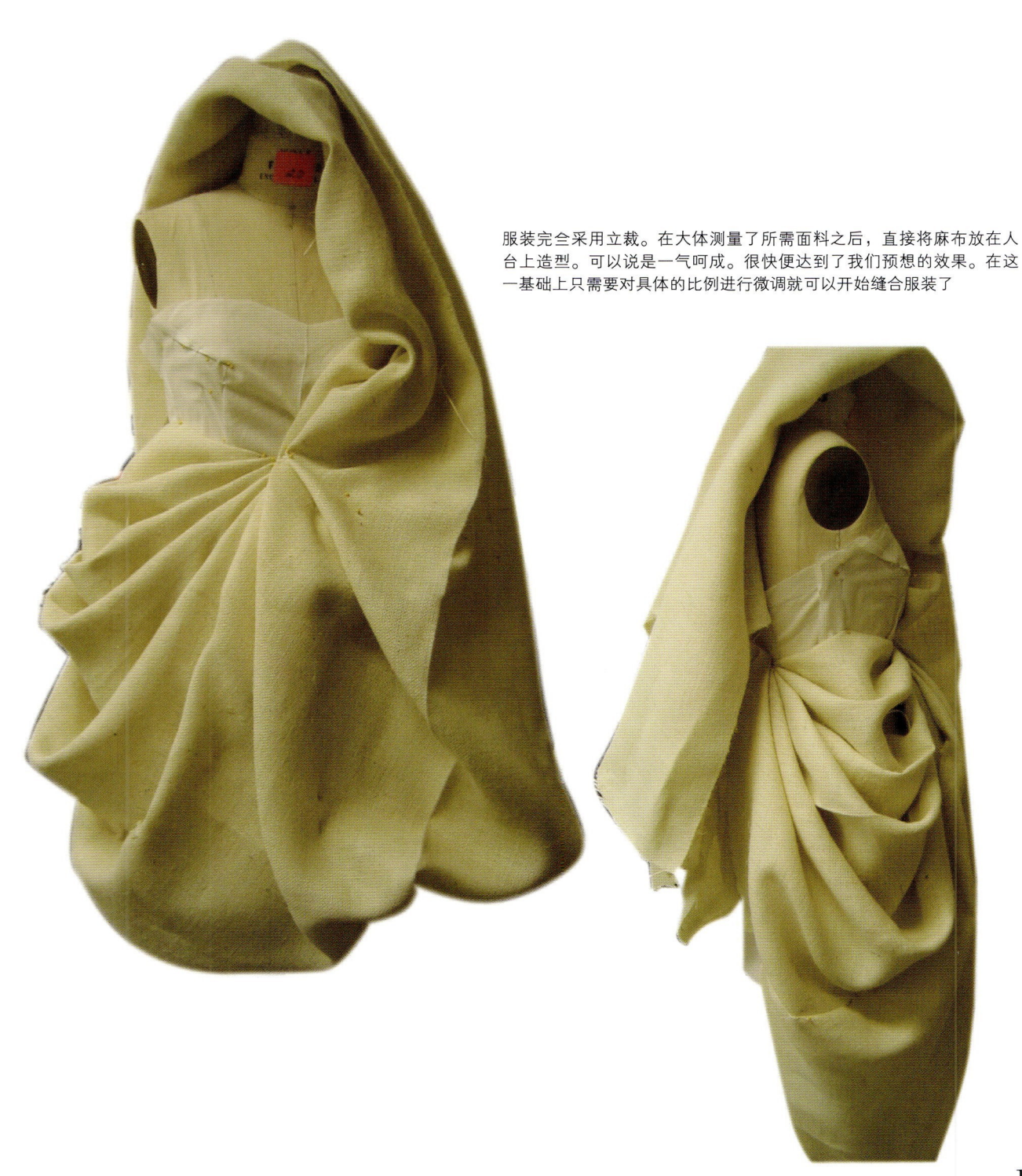

服装完全采用立裁。在大体测量了所需面料之后，直接将麻布放在人台上造型。可以说是一气呵成。很快便达到了我们预想的效果。在这一基础上只需要对具体的比例进行微调就可以开始缝合服装了

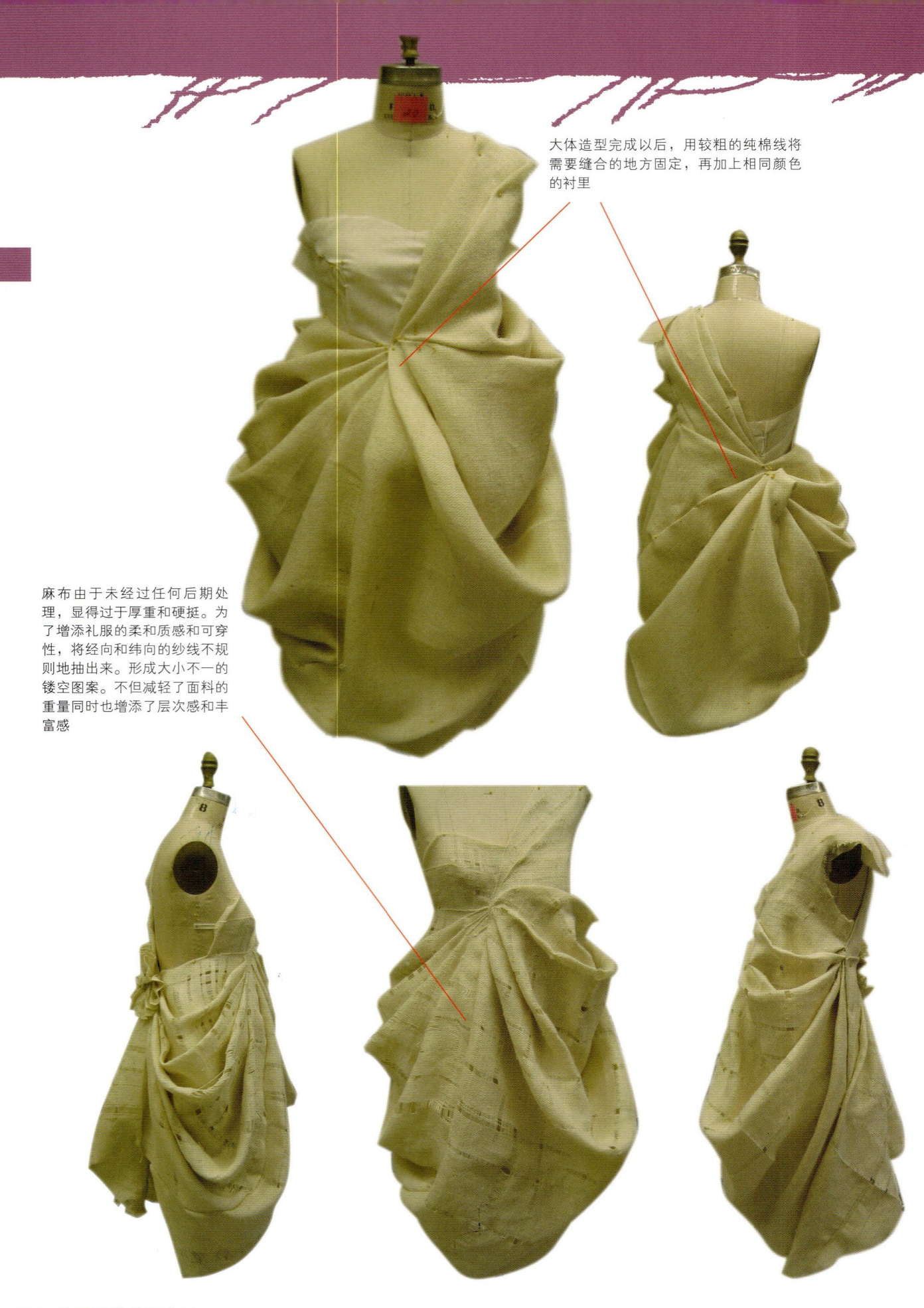

大体造型完成以后，用较粗的纯棉线将需要缝合的地方固定，再加上相同颜色的衬里

麻布由于未经过任何后期处理，显得过于厚重和硬挺。为了增添礼服的柔和质感和可穿性，将经向和纬向的纱线不规则地抽出来。形成大小不一的镂空图案。不但减轻了面料的重量同时也增添了层次感和丰富感

第六章　创意服装设计

　　为增强放射状和螺旋形状，以中心一点为起始点向四周扩散，绣上梅花状的装饰图案。使用较粗的纯棉线以增加线条的粗犷感和厚重感；在花朵中心加上白色珠子，使整体服装在层次上更为丰富，粗犷中带有些许柔美。

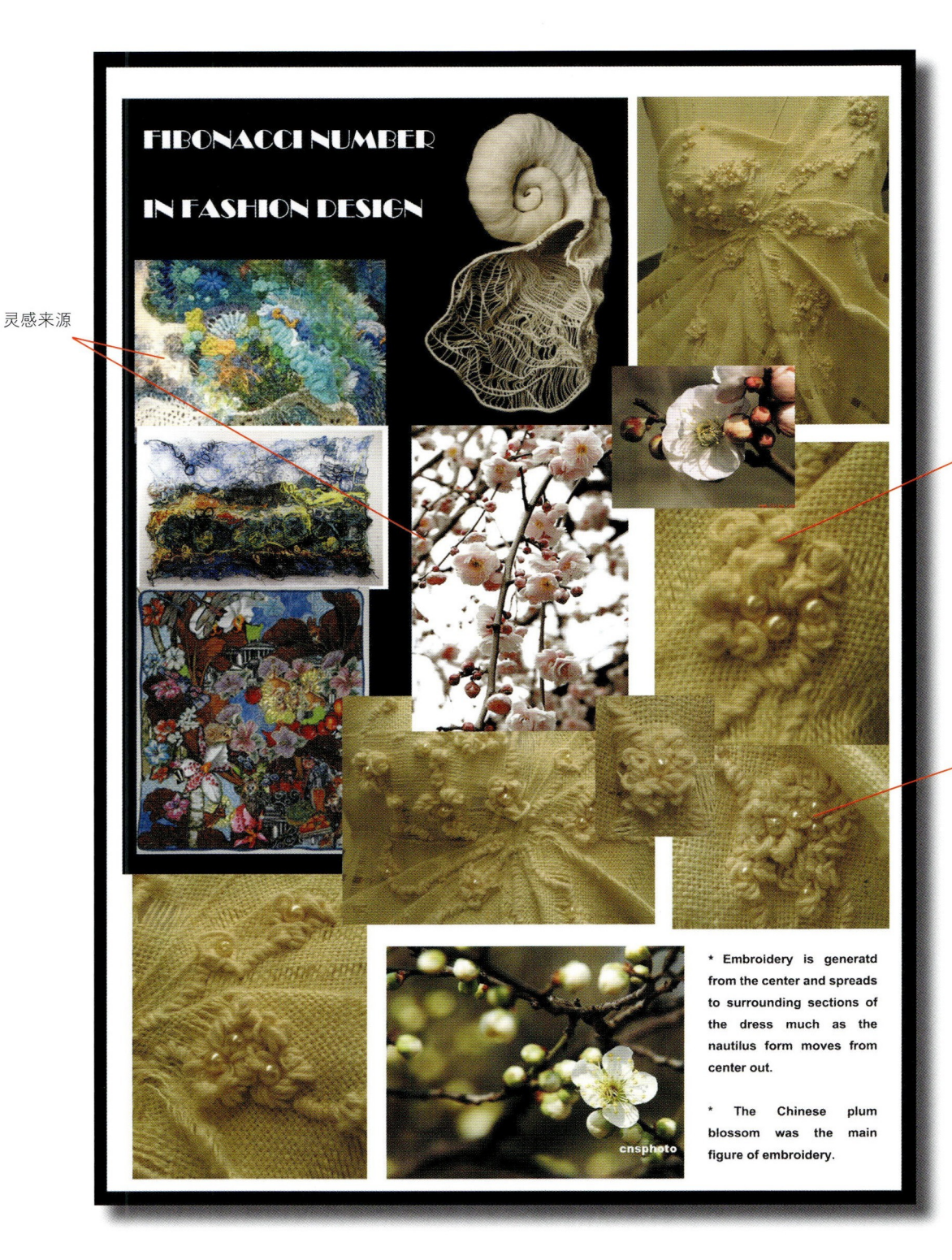

灵感来源

突出浮雕的强烈视觉效果

白色有光泽的珠子装饰增强层次感和光泽度

109

整套服装所采用的面料和缝线全部采用可回收再造的天然麻布和100%纯棉线，环保且耐用。

该设计荣获2008年国际面料与服装协会颁发的"最佳环保服装奖"（The Best Sustainable Design）。

注："最佳环保设计奖"（The Best Sustainable Design）是国际面料与服装协会每年度评选出的唯一一个静态展览奖项。该奖项涵盖了本科生、研究生、博士生服装设计作品的评比。

111

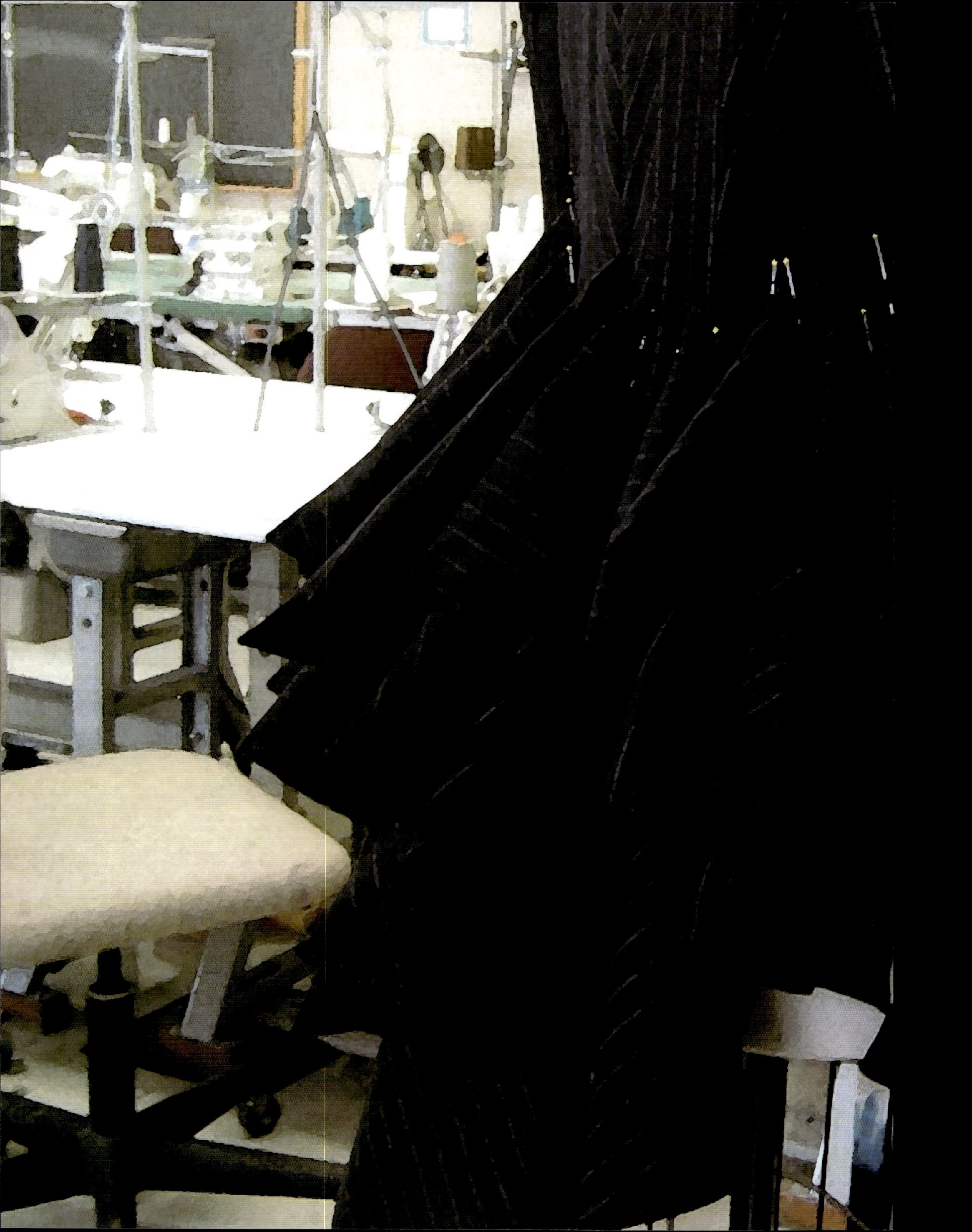

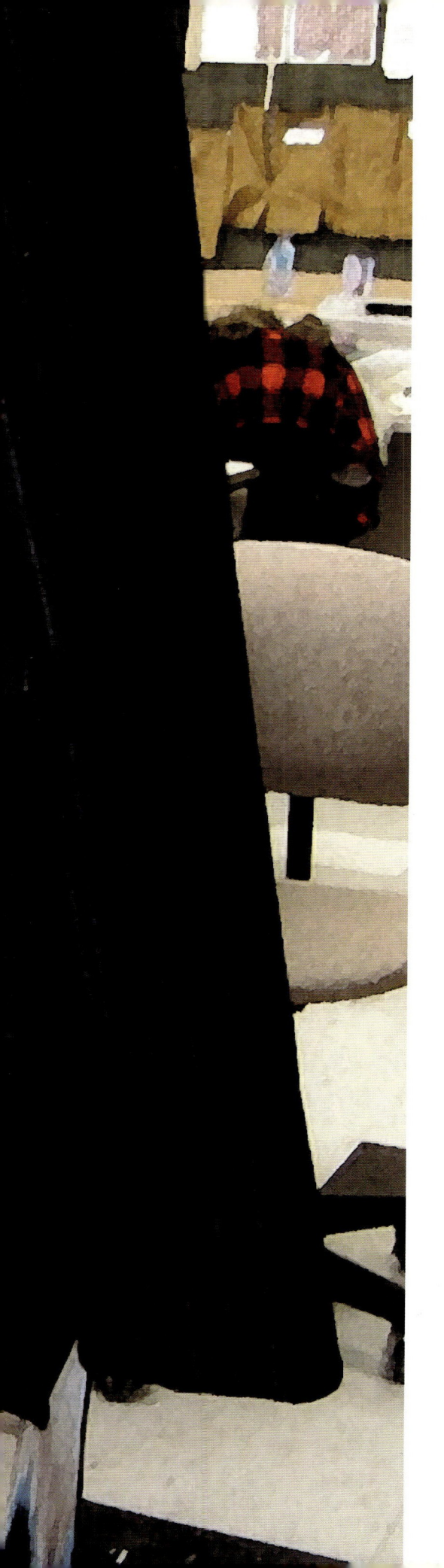

第七章
高级系列服装设计
(Senior Design Studio)

CREATION OF A LINE OF APPAREL FROM CONCEPT THROUGH COMPLETION. DEVELOPMENT OF PORTFOLIO USING MANUAL AND COMPUTER – AID TECHNIQUES.

7

课程介绍

课程名称	高级服装设计工作室	课程级别	本科生（研究生选修）
课程教学目的		课程要求	
这是一门综合服装设计、制作与展示报告等技能的高级别课程。主要目的是使学生通过该课程的学习将系列设计和制作能力达到较为专业的水平。每个学生设计整个系列并确定具有针对性的目标市场。 学生进行市场调查，书写计划书，与导师讨论确定的市场定位和在课程时间允许的范围内完成的服装件数，并在课程结束后完成一套完整的作品集。		• 原创基础上绘制草图，并扩展设计。 • 遵循已确定的设计方向，理解和实现设计研究过程。根据所选择的季节和市场定位进行流行趋势研究。 • 选择恰当的面料和制作方法。 • 运用有力的视觉和口头交流媒介展示一系列的设计过程及其中所运用的各个方法，包括创意板，工艺设计（Technical Designs），效果图集（Portfolio），最终系列作品（Final Collection）。	

这门课程在教学安排上来讲是为大学四年级学生的毕业设计而设置的，因为美国大学的自由选课制度，该门课程也同时向大学三年级的部分学生开放，但要通过对设计作品的审核才能选修这门课程。对于研究生来说，可以作为设计研究类课程选修。课程要求在完成基本课题要求的基础上，根据所研究的设计方向和理论基础，书写一份详细的设计研究论文。

课程要求设计一系列的作品（3~5套），并在最后完成毕业作品集。该门课程的优秀作品也将参加学校一年一度的时装秀（Fashion Show）。爱荷华州立大学的年度服装秀除了大学四年级学生的优秀系列作品展示，也欢迎低年级甚至外系学生的单件作品展示，活动包括动态（即服装秀）和静态展示（即作品集和配饰设计），是学校及服装系每年最盛大的活动之一，同时，在表演结束会评比出若干奖项。

"工作室（Studio）"课程在美国的各种设计类课程中很常见。它的课程设置和内容给学生自由发挥的空间非常大，教学方式也是以老师个别指导为主，老师只是提出大体的课程要求和设计主题要求，由学生自己寻找可激发设计激情的主题，充分发挥创造能力。

该门课程在时间安排上被分为十周，我们如下将按照时间安排来介绍整个设计过程。

推荐书籍

• *Patternmaking for Fashion Design*
• *Draping for Apparel Design*
• *Portfolio Presentation for Fashion Designers*

第一周：主题/课堂活动

内容：开阔思路，寻找灵感来源。根据当前流行趋势和前3~4年的流行报告进行分析，确定该流行元素是否将持续流行到下一季。利用电影、博物馆、展览等渠道分析下季流行元素的可能性

利用两天的时间寻找灵感来源。法国画家克劳德·莫奈（Claude Monet）的油画一直是我的最爱。作为印象派代表人物和创始人之一，他朦胧的笔触，细腻的色彩，看似平静的画面下却蕴含着无尽的热情和他对艺术的执着。《睡莲》（Water Lilies）系列油画是他一生最后的作品，是他送给国家乃至全世界的礼物。我被《睡莲》中深邃的蓝和淡淡的绿以及点缀在湖面上的莲花所深深吸引。若将这些和谐的颜色运用到服装上一定会有满意的效果。

根据色彩的特性，将服装季节定位在秋冬季。目标市场定位高档创意女装。

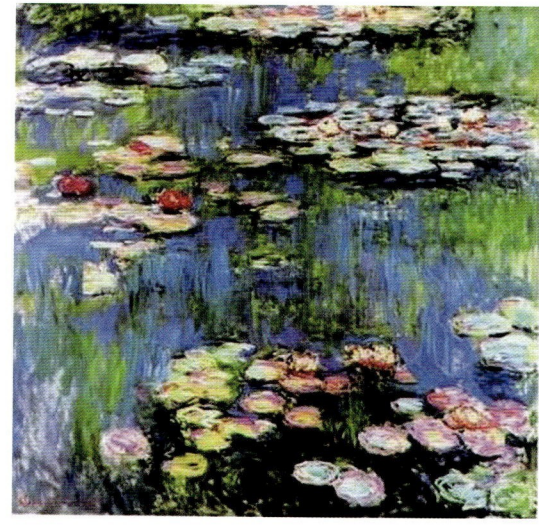

克劳德·莫奈（1840~1926）

在确定了灵感来源、色彩定位、目标市场之后，开始进行流行趋势分析。通过对2004~2007年（作品完成于2007年秋季）的秋冬流行趋势分析后得出"多层次（Layers）"始终是秋冬不退的流行元素并将持续下去。在结构上流行立体的解构造型来突出设计上的层次感。

山本耀司（Yohji Yamamoto），2007

面料选择毛料与数码印染的丝绸结合，看似矛盾的一厚一薄面料不仅在质感上有本质的差别，在视觉上也造成了强烈的对比。色彩上选择深蓝色带灰色直条纹的毛料（100% wool），草绿色配有褐色的抽象数码印染图案的丝绸软缎（100% Silk Charmeuse）。

第二周：设计/草图

内容：讨论整个学期所要完成的课题和所要达到的目标。讨论对目标市场的研究及如何达到所预期的设计目的并完成主题创意板。

学生需完成对系列设计的研究阶段。确定系列设计分类：运动装（Sportswear），礼服（Dresses），男装（Menswear），童装（Kidswear）或晚礼服（Evening）等。必须在一周内完成所有设计的草图，面料小样和第一套服装的纸样或样衣。设计初稿和第一套服装的样衣需在第三周的第一节课向全班展示并准备设计报告（Design Presentation）。

在第一阶段尽最大可能地发挥想象力，将所有能创意到的任何造型都记录下来，再从中筛选出最符合你的主题和最有发挥性的设计进行再次丰富。

118　美国课堂教学实录

第七章　高级系列服装设计

与导师讨论后从30～50个草图中选出最符合设计思想的草图。对效果图进行具体绘制，刻画服装设计及色彩搭配，从中选出一套进行样衣制作。

设计思想：根据人体结构和曲线走势将原省道位置打开，将面料方向改变，使面料原本的灰色直线条呈现不同的方向以增加服装的层次感，从而打破单一的纵向线条。

衣领的设计是该系列设计的重点。打破传统西服领子的定义，将衣领与衣身分离，并增加长度，在穿着过程中，衣领可以随意摘取、替换，正反面随意搭配，并有不同的佩戴方法。

整体服装搭配也遵循"多层次"的流行趋势，"多而不乱"是该设计所要注意的原则。制作的难点是每一件服装都由若干裁片组成，每片的条纹方向不同，在保证方向正确的同时，还要确保每个裁片的条纹与之相接的另一片的条纹相吻合。

119

内搭样衣的制作

完成草图之后开始制作样衣。样衣制作过程中要准确标注每裁片的直纱向,并以数字标示清楚。第二周所制作的样衣并不一定是最终的服装造型,最终服装的造型可能会根据制作过程中想法的改变和细节处理的不同而有所变化。

标示好需要打孔的位置

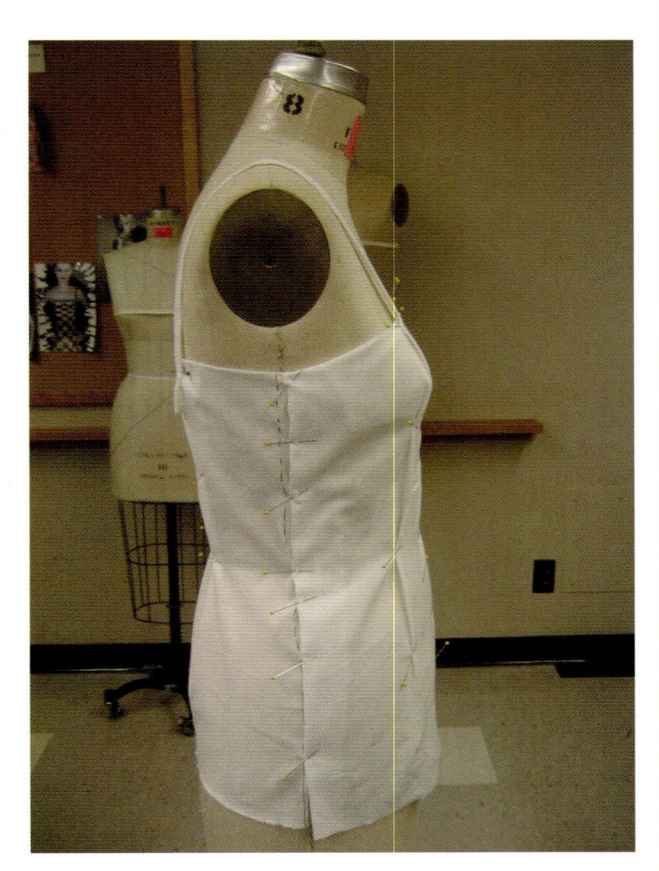

内搭上衣的设计目的除了穿着上的需要,主要在于突出色彩上的搭配并与设计主题相吻合,在款式设计上因面料色彩较为丰富,因此造型应尽量简洁以展示大面积色彩和图案。

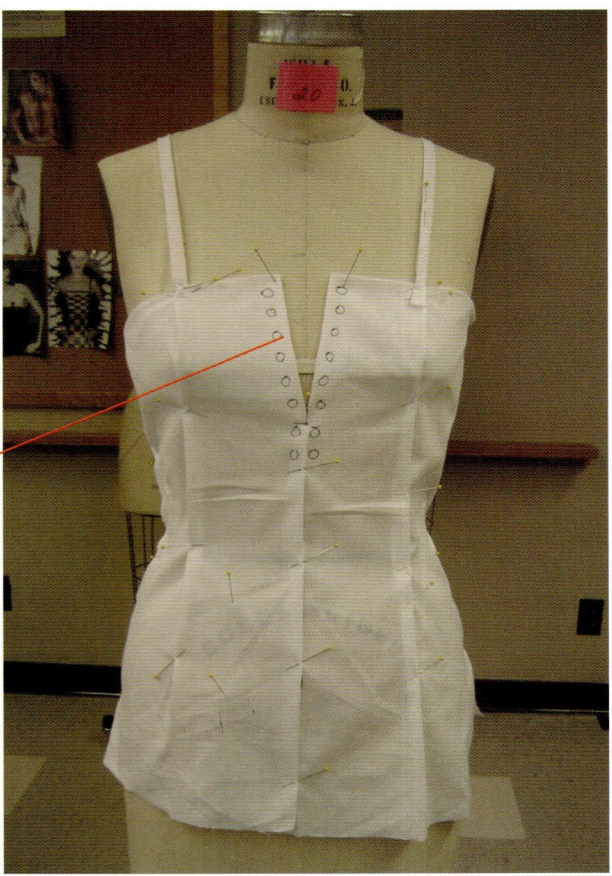

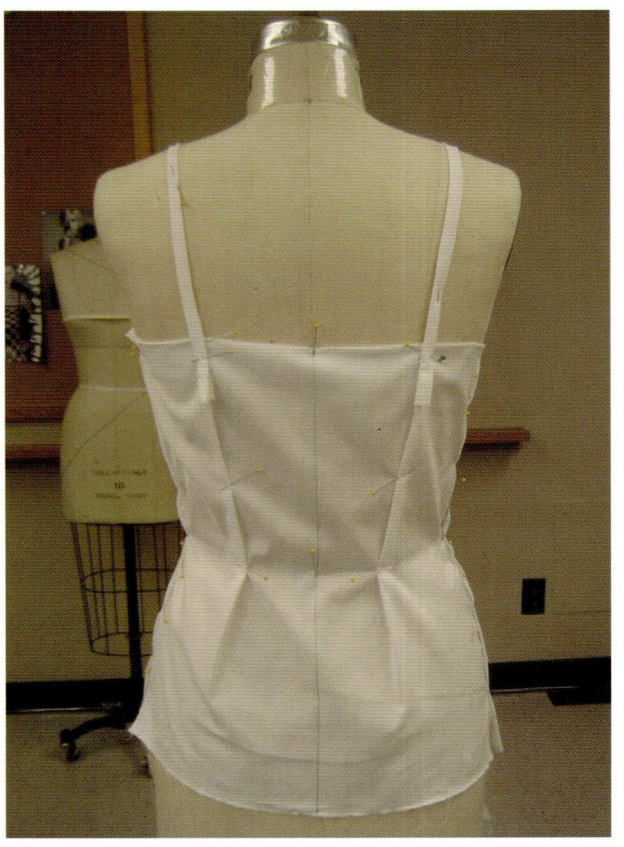

第七章 高级系列服装设计

外衣的样衣制作

完成内搭样衣之后开始按照草图制作外衣的样衣。在面料上标注好纱向。因领子与衣身是分开的，要检查领子是否与衣身吻合，并确定与衣身固定的点（使用小号按扣）。根据样衣的比例调节领子下摆的长度。

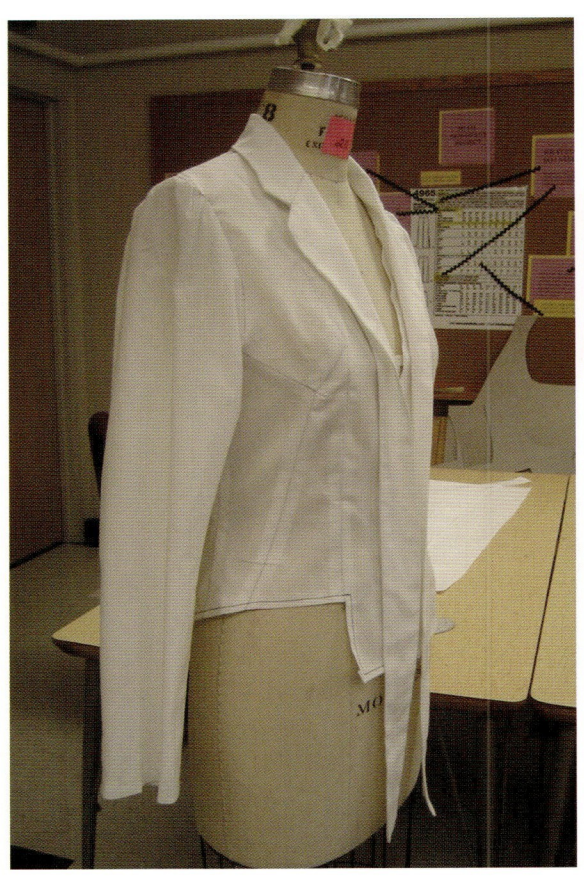

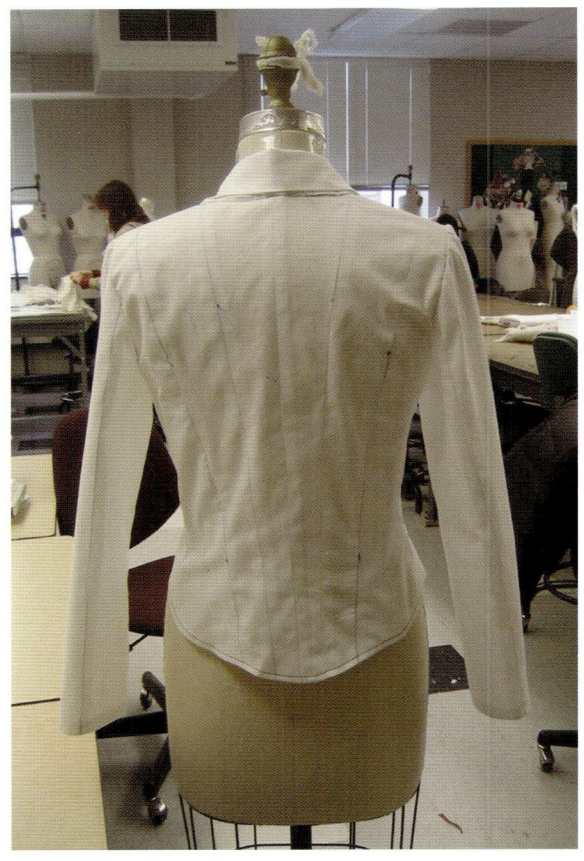

第三周：修改样衣/第一套成衣制作

内容：分组讨论设计想法。评判第一套样衣的制作，提交具体设计和制作计划，包括：设计主题、面料、配件、制板方法（平面或立裁）、试衣和第一件成衣完成的具体日期、系列服装的完成日期等。

修改样衣

在与同学与老师讨论后发现样衣的袖隆过大

与模特联系取得确定的尺寸之后发现袖长过短

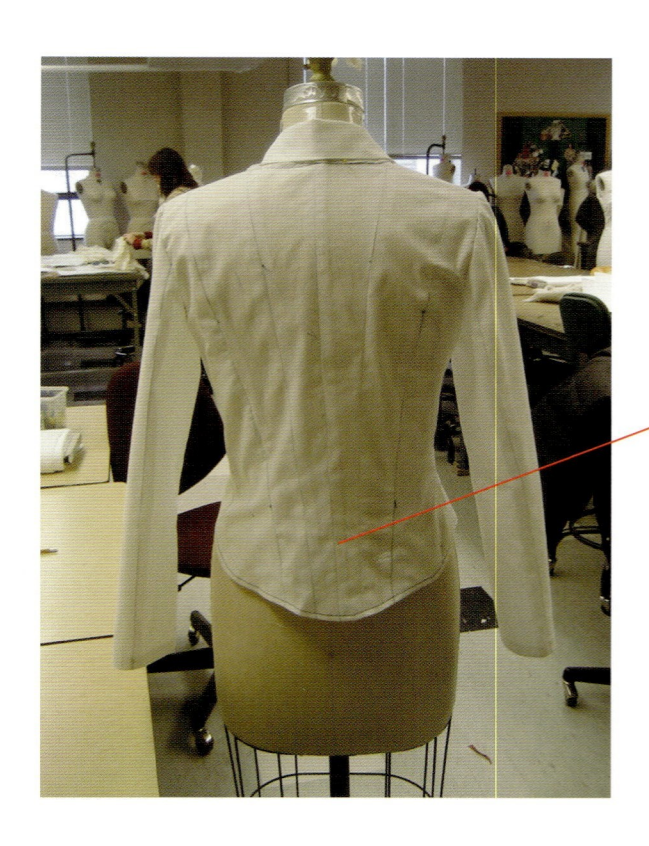

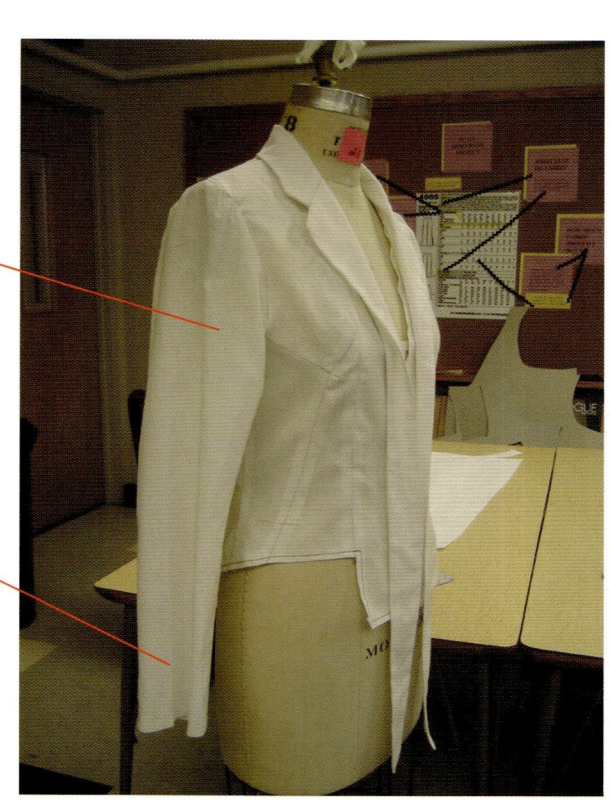

衣长需加长以便有足够的空间进行背后的细节装饰

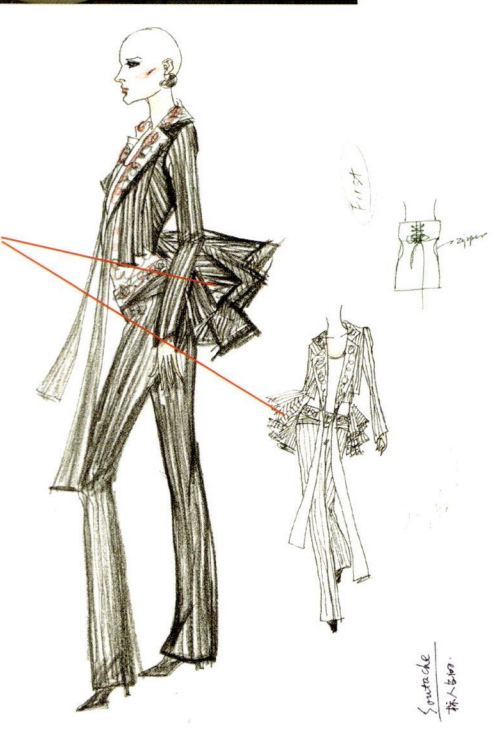

122　美国课堂教学实录

第七章 高级系列服装设计

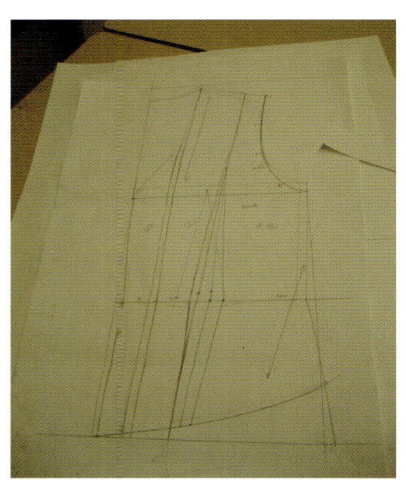

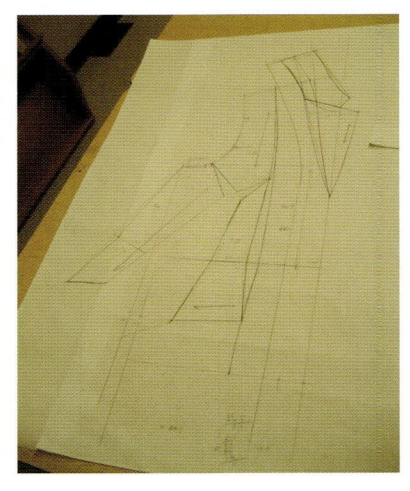

　　先用立裁方式完成服装的立体造型，再根据模特尺寸绘制所需要的平面板型部分，两者相对照，使板型更为精准，尤其在领子的制作上主要采用平面制板方法。

制作第一套成衣

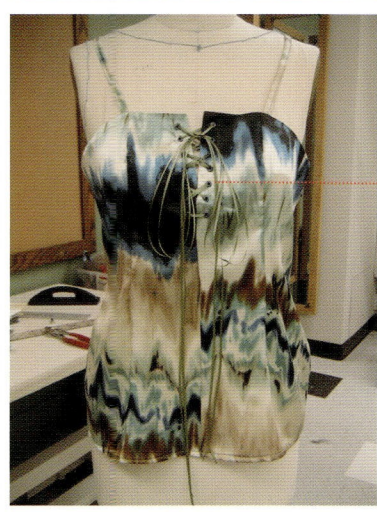

细节

　　先制作简单的内搭上衣。面料采用数码印染的抽象图案的丝绸面料。款式简洁，主要突出图案和色彩。

前襟与侧片不对称造型

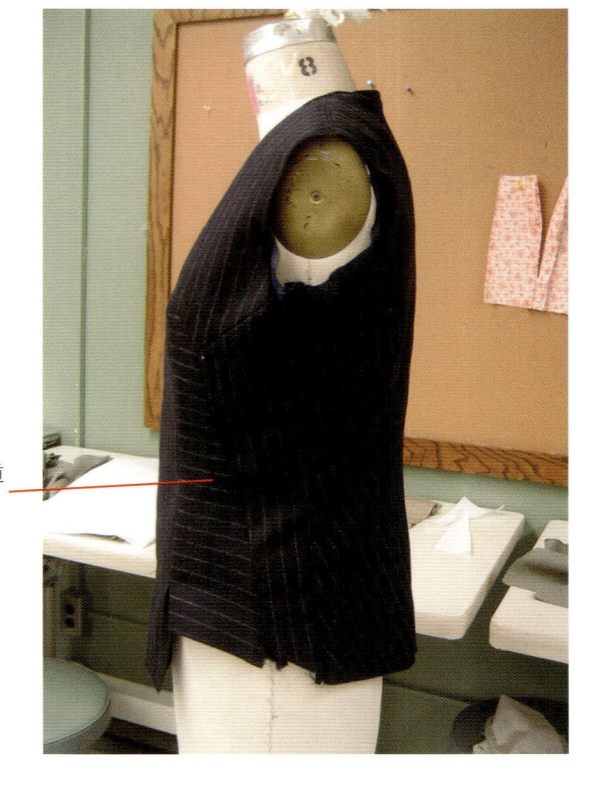

将侧面省道转移

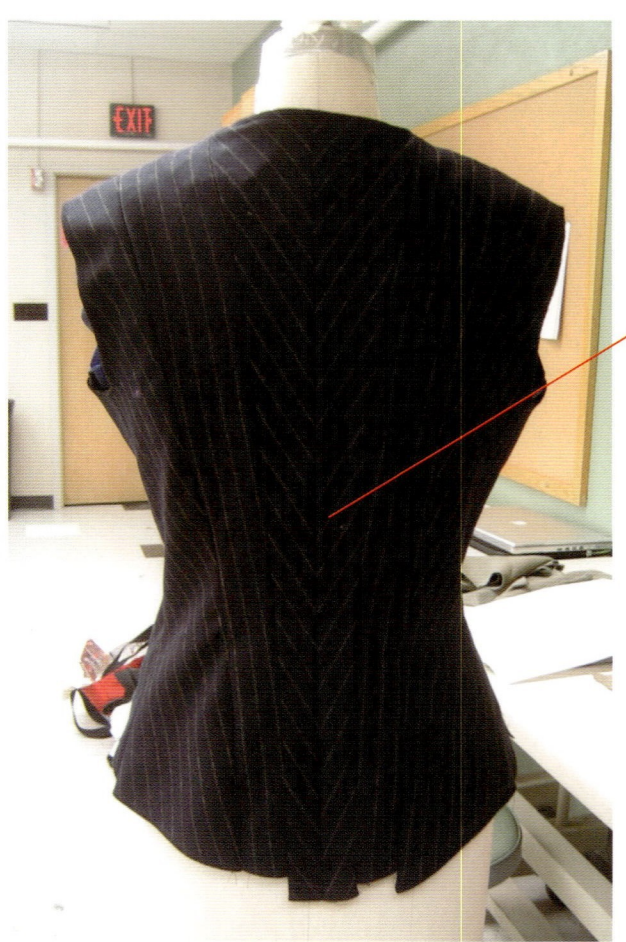

服装制作的最大难点在于要将每一片不同方向的条纹与衔接片的条纹对齐，在裁剪和缝纫过程中都要非常小心和仔细。

背面分为六片，将各省道的量分配到各个裁片的接缝中。每片条纹方向各异，但要对齐接缝处的条纹和对应裁片的条纹位置

小窍门

因为面料厚度的影响，可能在制作完成衣之后会有些许出入，要通过试衣进行修改。因此在初次制作样衣和成衣的时候尽量把缝边留出足够修改的量尤其在制作袖子和裤子的时候，在最后一次试衣之前最好不要把袖长或裤长固定在一个尺寸上。如果需要加长袖长或裤长的情况发生将造成无法挽回的后果。

第四周：继续完成第一套服装制作

内容：在这一阶段要求学生确保制作方法正确和制作结果符合要求，包括内衬的选择，各种配件的选择，甚至缝边的制作。在制作过程中如有问题需进行记录并加入到设计日志中，在导师的辅导下分析发生问题的原因并解决问题。

制作袖子

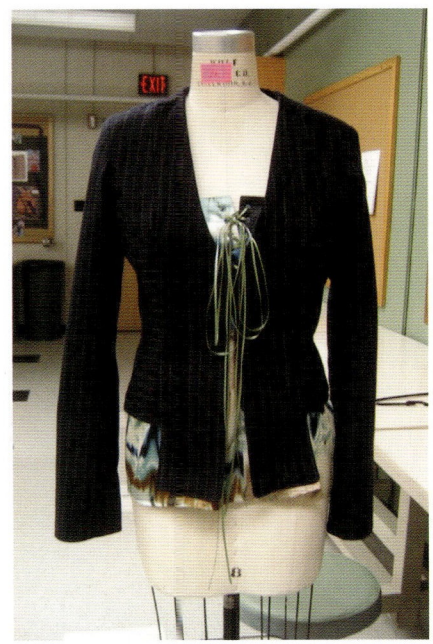

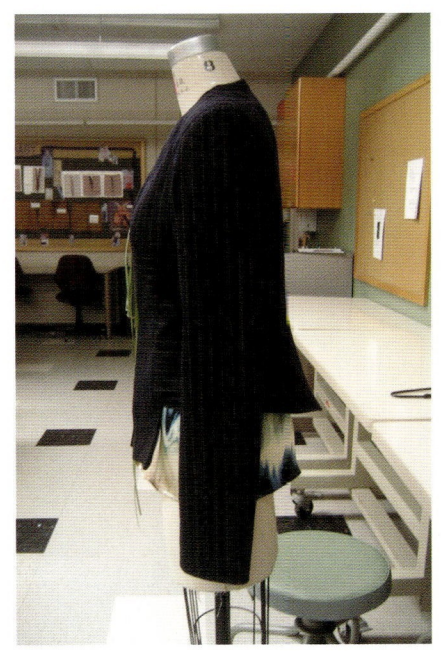

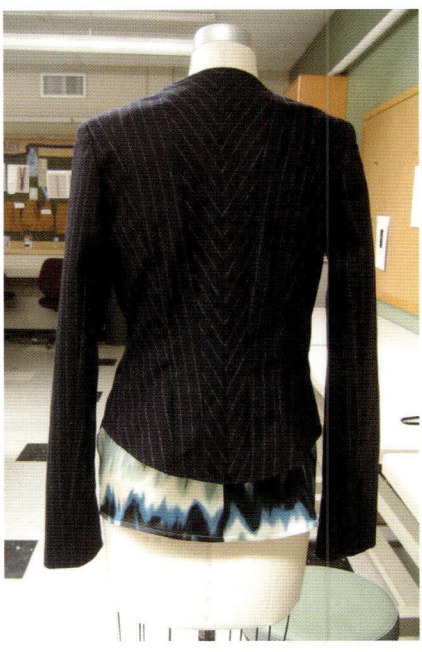

领子的制作和各种佩戴方法

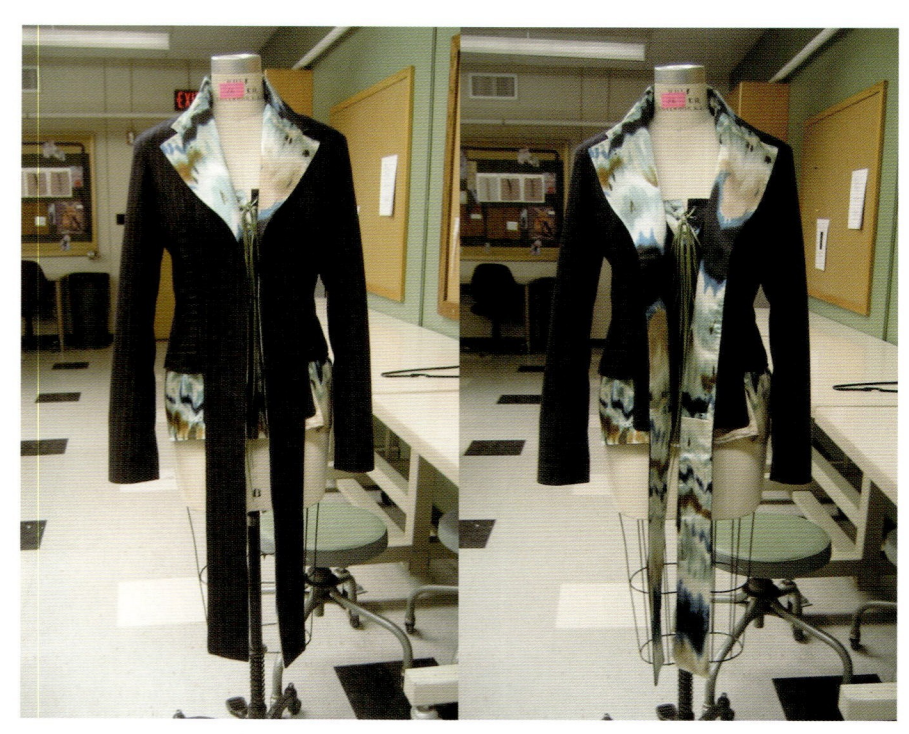

方法1　　　　　　方法2

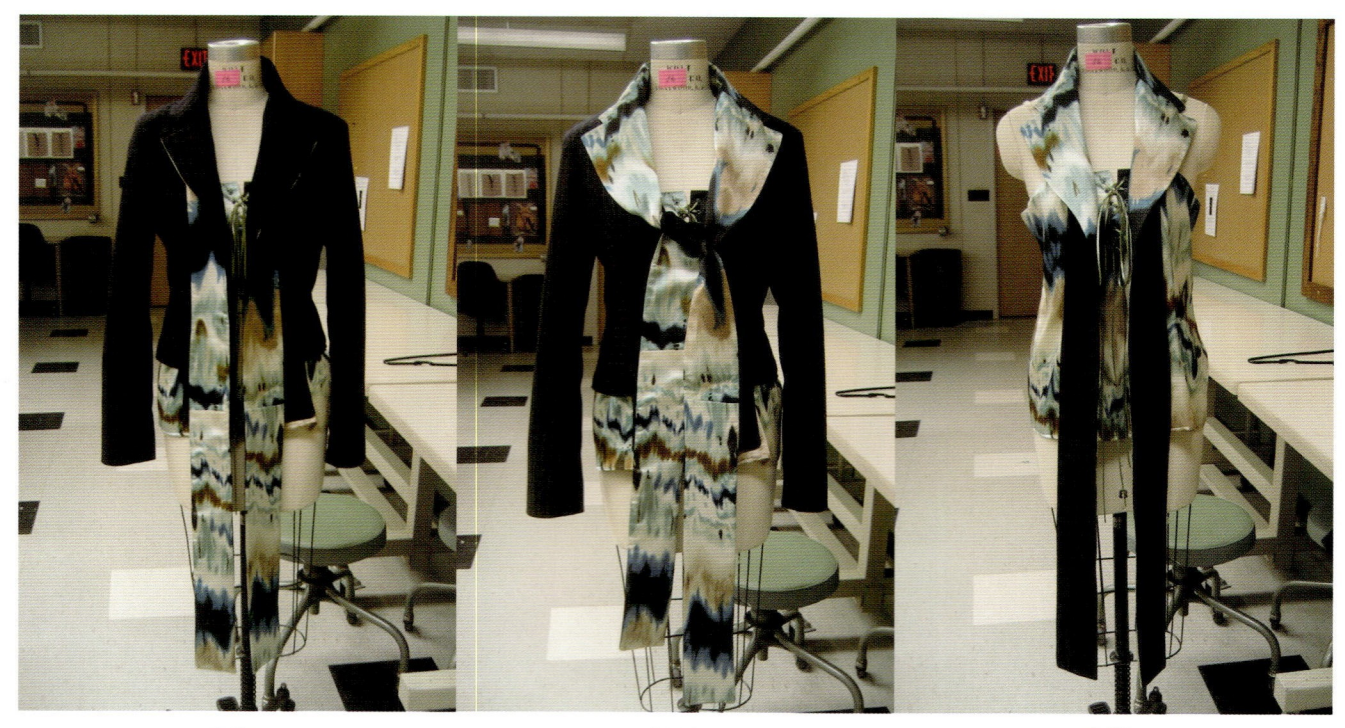

方法3　　　　　　方法4　　　　　　方法5

第七章 高级系列服装设计

背面底端的装饰采用不同大小的三角形对折的方法，每片条纹的方向不同，并用大头针固定，调整好位置及造型。

第五周：完成第一套服装制作

内容：完成第一套服装的制作并开始第二套服装样衣的制作。

下身搭配同样面料的紧身裤

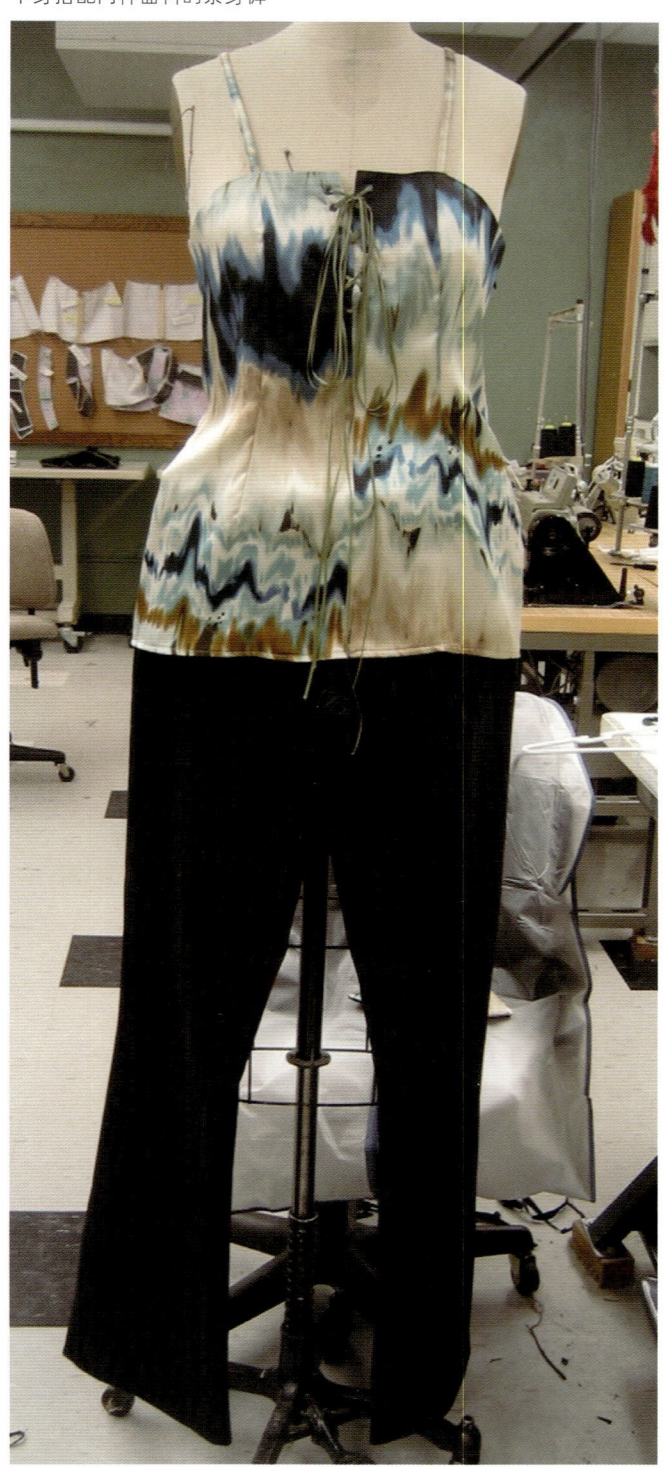

设计感悟

万事开头难，在制作第一套服装的过程中遇到了各种各样制作和板型上的困难。为了要确保每一个裁片与另一裁片的条纹完全吻合，我将面料用大头针将上下两片面料固定，耗时又费力。也就是因为这个系列，几乎每天都要花费10小时以上的时间进行制作。但值得欣慰的是最终的效果还是很令人满意的，完全达到了我最初脑海中想象的形象。我的另外一位设计课老师看到这套服装对我说："真不知道你的导师怎么会同意你做这么复杂的服装，实在是很疯狂。"也正是因为我的导师对我的鼓励和给予我设计上的空间，我才可以不受任何局限地发挥我的想象力，尽情地享受创作所带给我的无尽乐趣。

128 美国课堂教学实录

第七章　高级系列服装设计

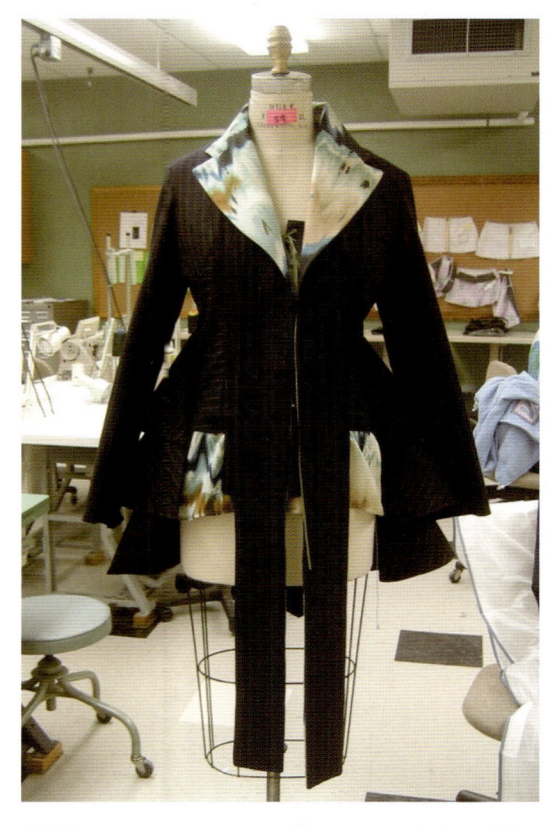

开始制作第二套样衣

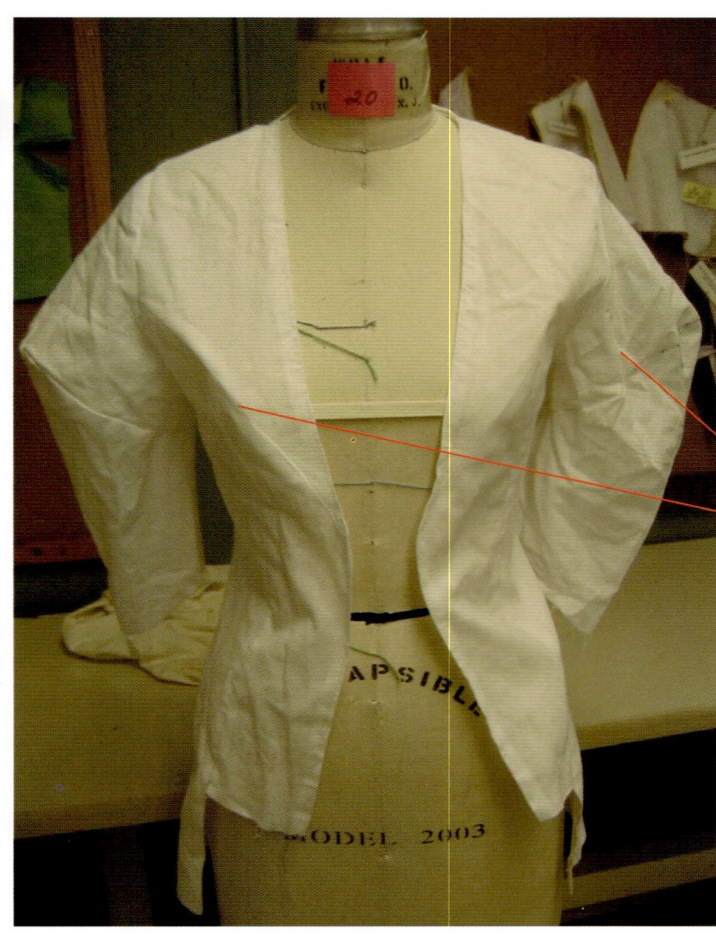

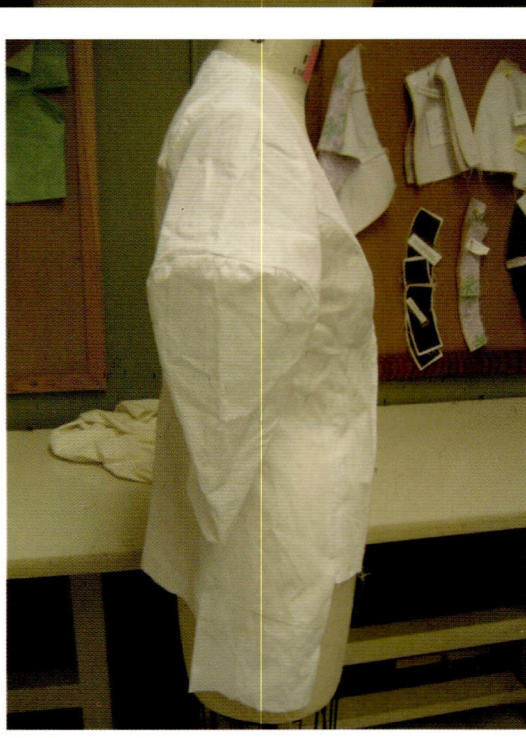

第二套设计的重点在于袖型的立体结构和前后片省道位置的设计

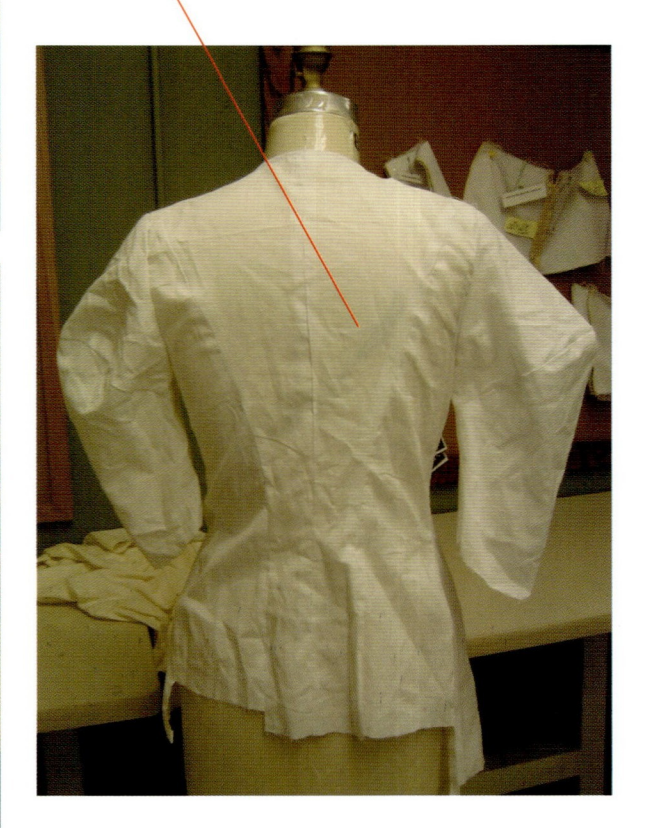

第七章 高级系列服装设计

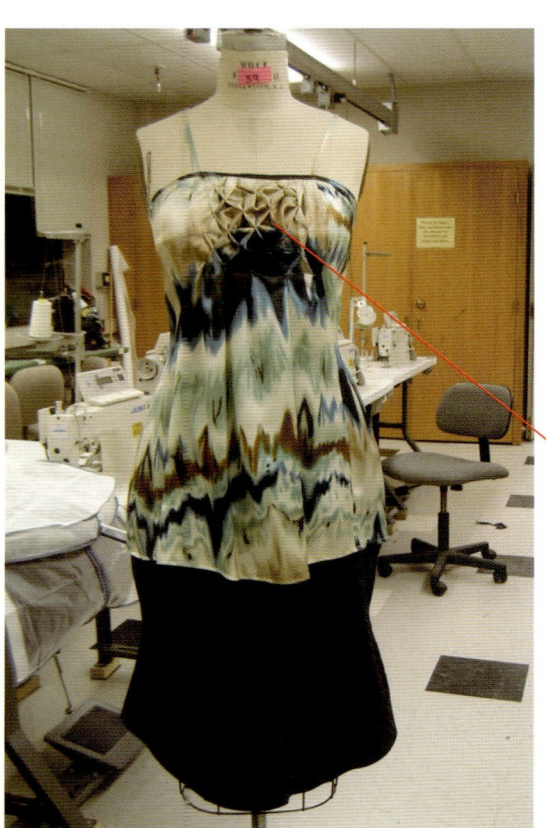

第六周~第九周：完成剩余服装制作

内容：完成第二套及所有剩余服装和所需配饰的制作。

裙子的造型灵感来源于郁金香花朵的形状。在结构上将裙身分割成若干线条方向不同且形状不同的裁片。

上衣胸部细节

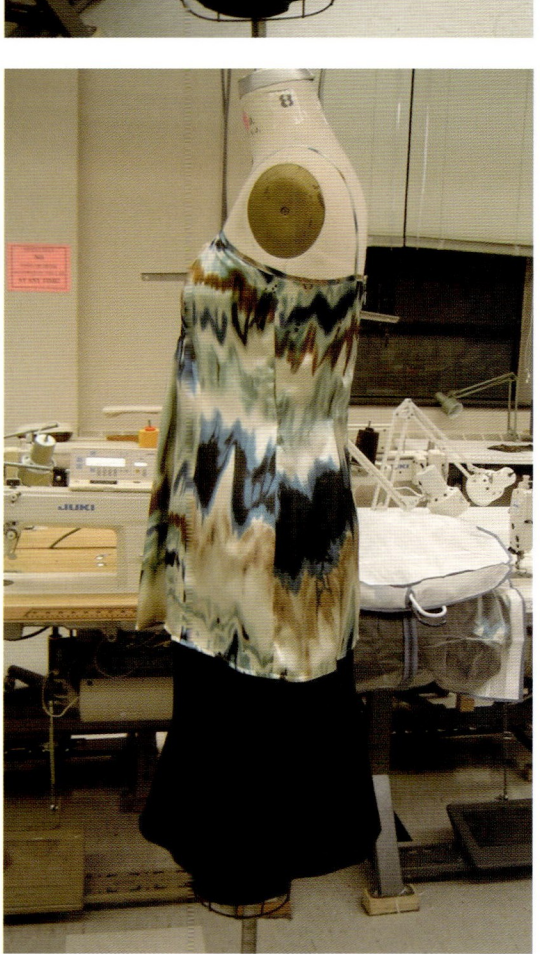

完成领子和上衣的制作。

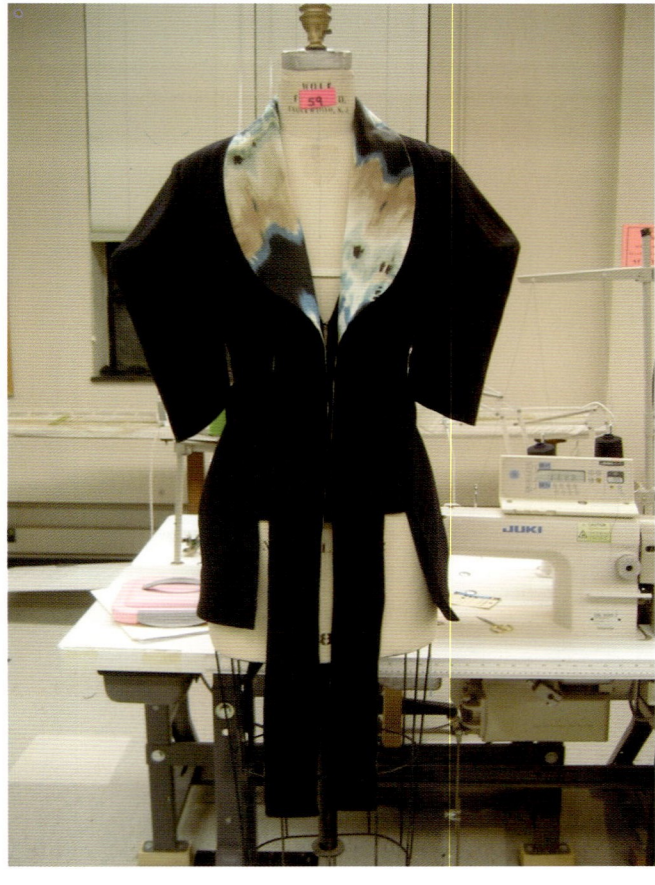

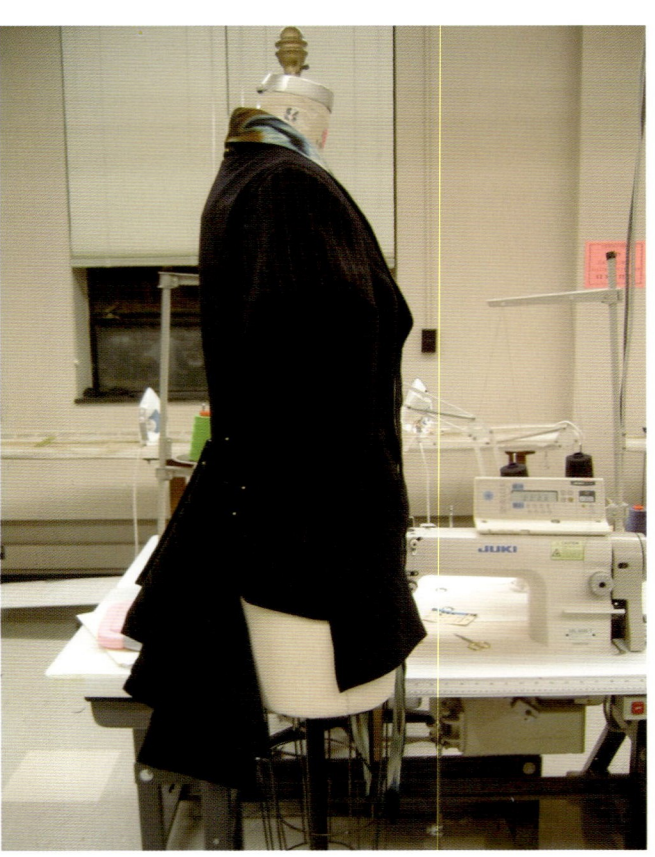

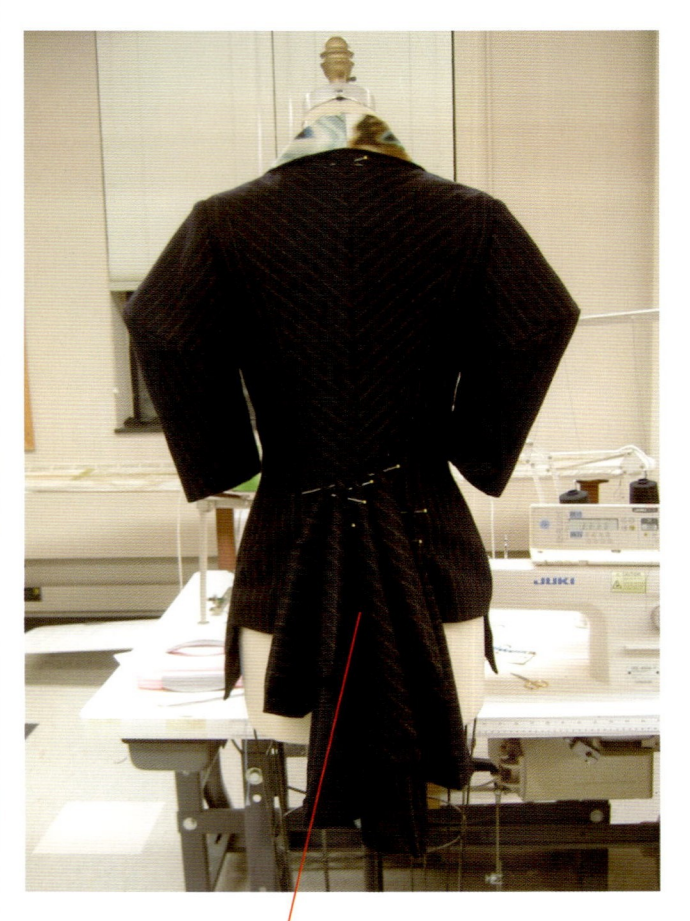

尝试是否可以在第二套背后底端加上与第一套相搭配的立体造型，但感觉整体上不够简洁、流畅，所以在最后完成的时候去掉了背后的装饰

第七章　高级系列服装设计

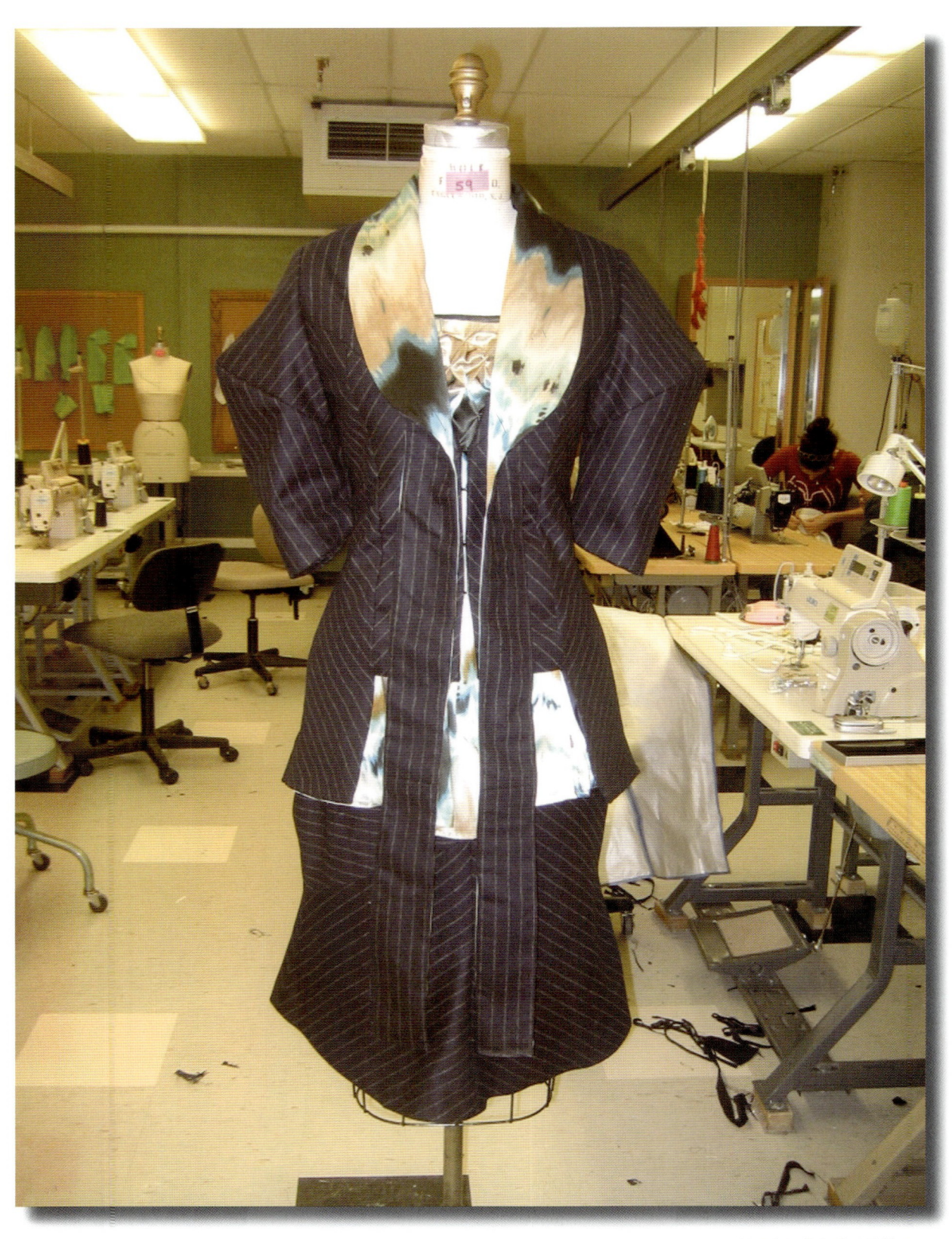

第二套服装完成后的效果

第三套样衣的制作

第三套服装将礼服与西服款式结合在一起，除了同样强调线条方向不同的拼接之外，斜向的底边和大片的"裙摆"装饰也是这套服装设计的重点。

先制作内搭的吊带裙，同样为了展示面料的色彩和图案，款式力求简洁、合体。

134　美国课堂教学实录

第七章　高级系列服装设计

斜向的底边和侧前襟的设计都在细节上对传统的西服外套进行了改良。

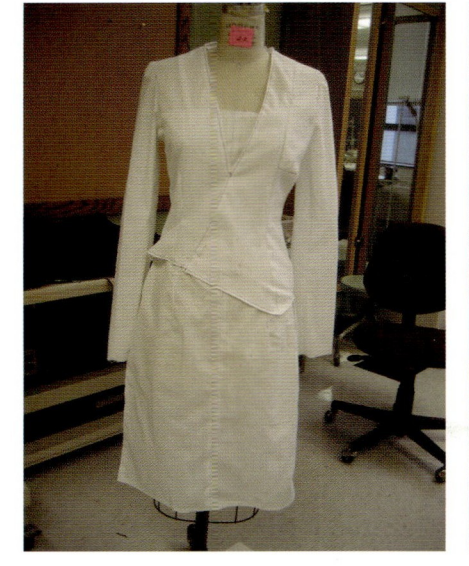

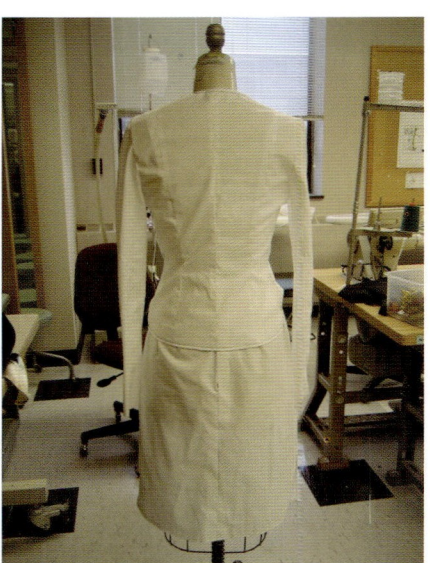

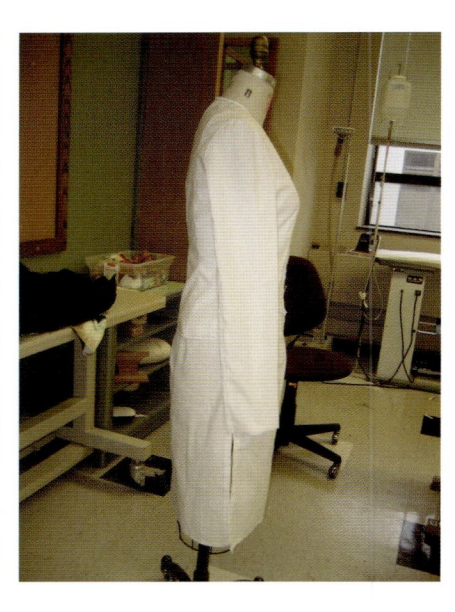

挡褶

不规则的省道结构设计为条纹的不同方向提供了条件，同时也进行了一次通过省道转移而产生服装结构上变化的实验性创作

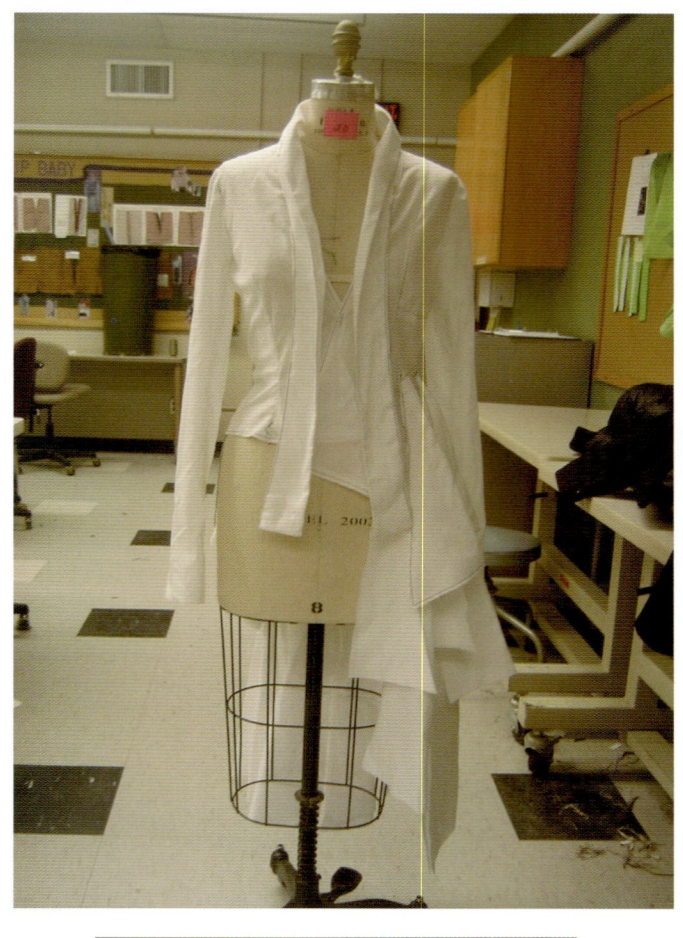

将底部装饰部分固定在服装上，确定好位置后用笔标记好每一裁片的位置，将衣片形状转化到纸上之后就可以开始成衣的制作了。

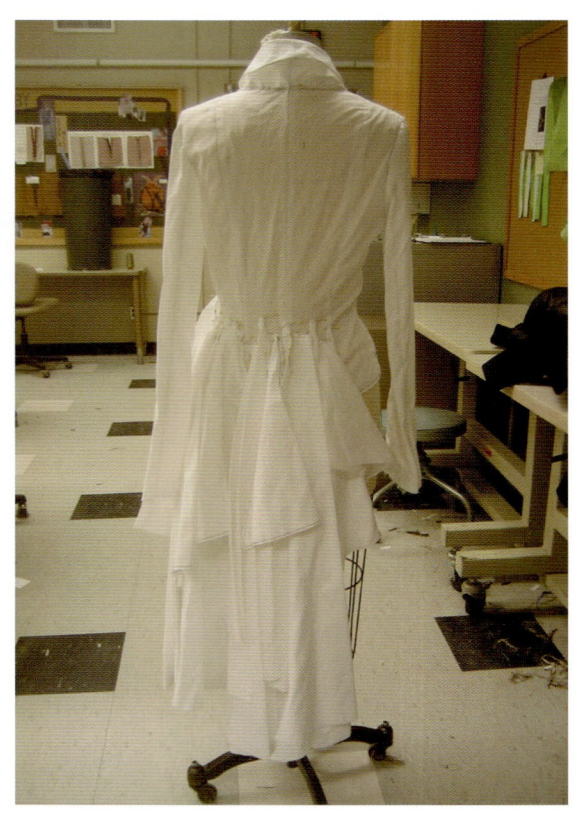

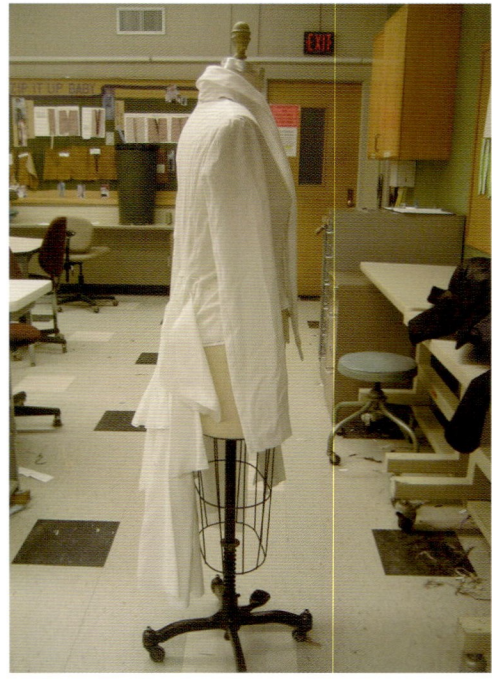

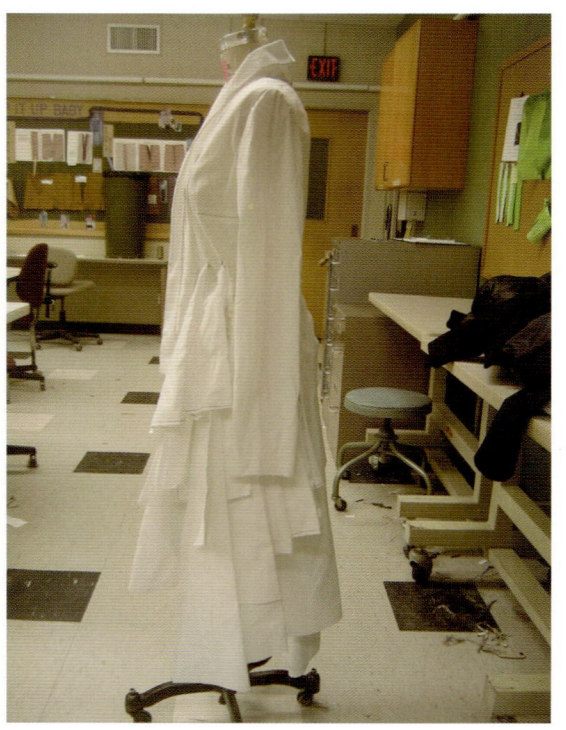

第七章　高级系列服装设计

第三套成衣的制作

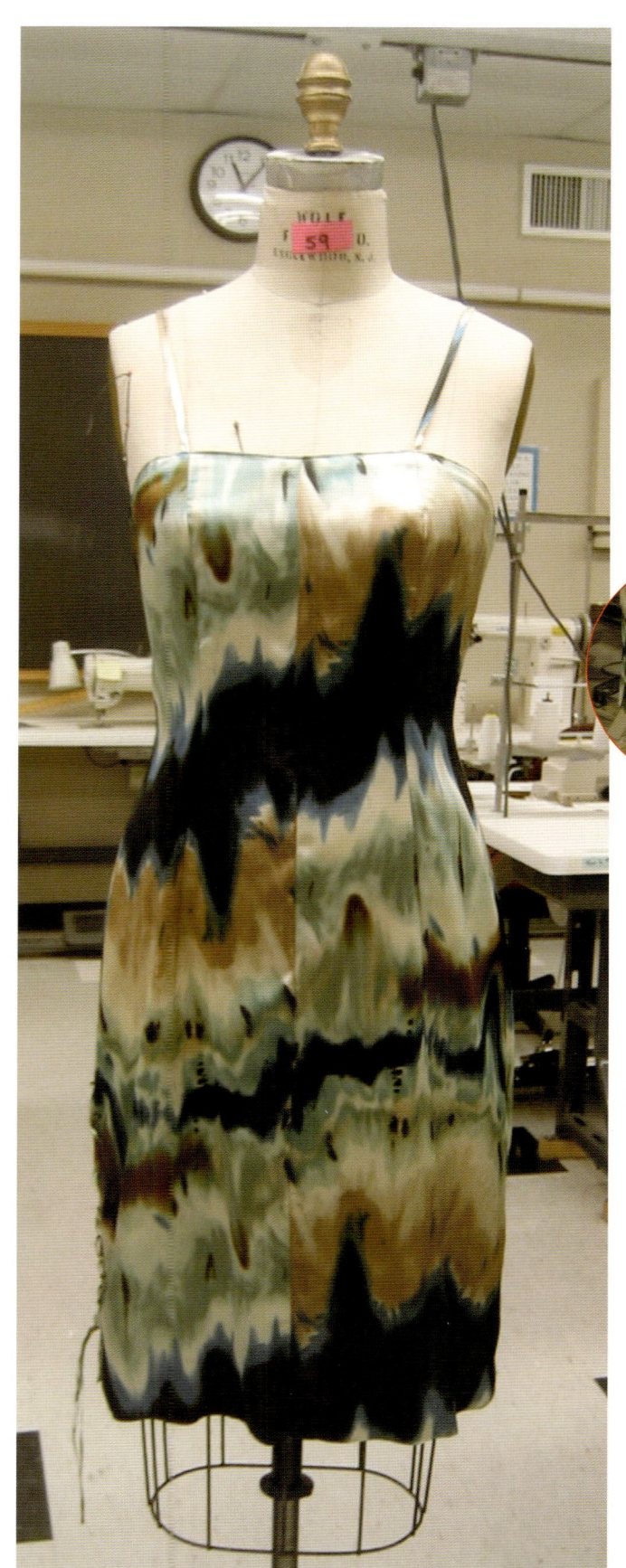

侧面的细节设计

先完成里面的吊带裙

将立裁的结果转移到纸样上，再开始制作成衣。领子的制作放在最后，在确定板型和尺寸无误之后再开始制作领子。

这里没有将省道缝合，而是将省道的量用"褶"表示。打破传统形式上的省道造型。同时也丰富了服装的结构造型和设计上的趣味性

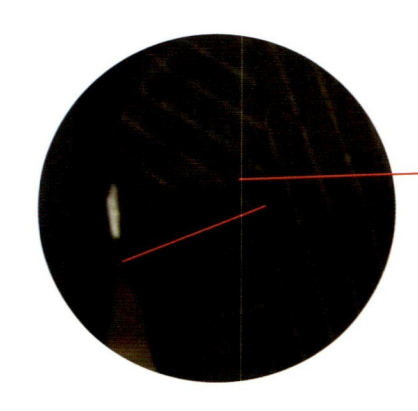

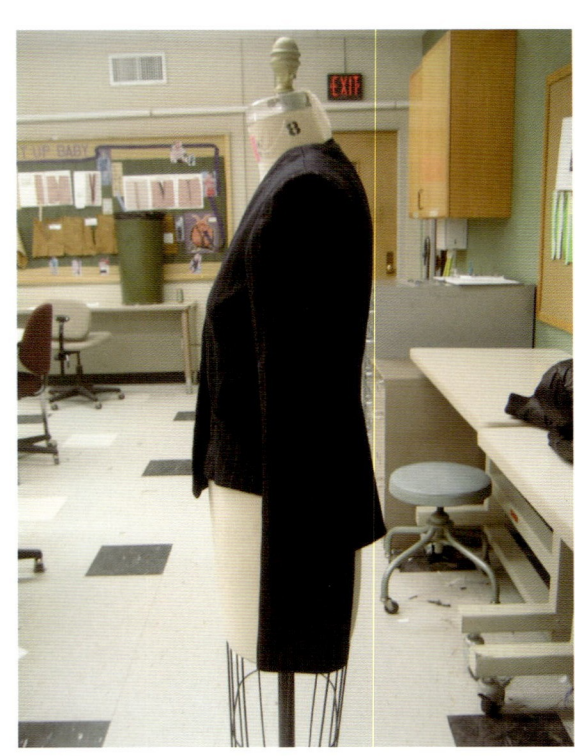

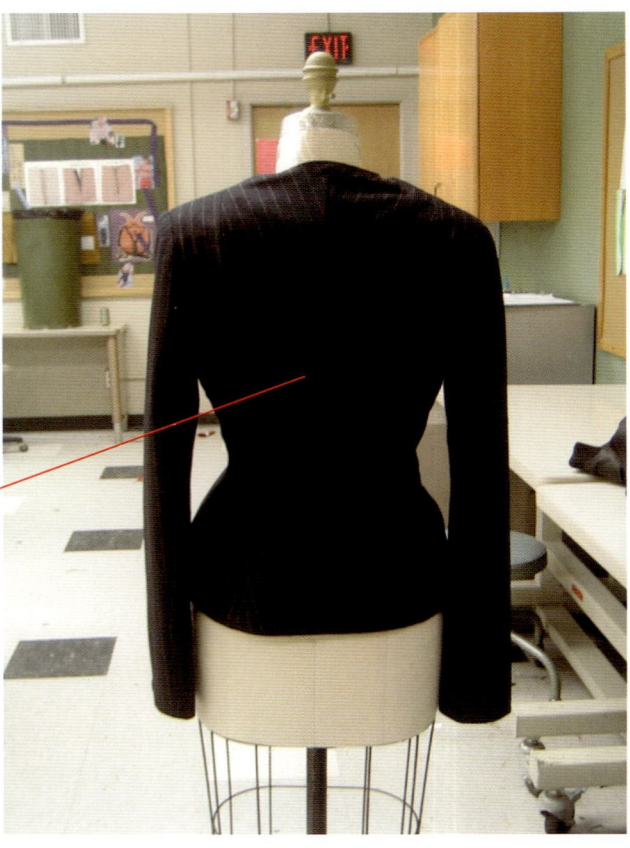

背部"V"型线条更增强了收腰的效果

第七章　高级系列服装设计

制作和调整"裙摆"三角片的位置和大小比例

在调整之前，制作了若干不同大小，条纹方向各不相同的"三角形"。根据需要和比例上的协调感不断地调整和选取合适的大小，直到服装最后完成之前，在模特身上试穿之后才将"三角形"固定，以确保达到最完美的造型和长度比例。

139

第三套服装基本完成。

立领设计增强了服装的厚重感。在视觉上拉长了服装，有延伸感。

露出的内搭吊带裙与领子相呼应，整体协调。

设计感悟

在第一套服装成功的基础上第二和第三套的完成要顺利得多。尤其是可以借助第一套的基础板型进行修改，加快了进度。

从设计到制作完成的三个月中除了完成其他课程的学习和助教工作就是整天泡在机房做衣服。虽然很累，但很开心、很充实。看着服装从自己的手中一点一点地制作出来，展示在大家面前，我想这就是为什么我喜欢服装设计的原因吧！设计之初的那种期待感和完成之后的成就感是让我沉醉于服装设计这个行业中的最初的动力和乐趣。

虽然这个过程很辛苦但又算得了什么呢？这又何尝不是人生中一件最令人幸福的事情呢？

我想，这可能就是设计的魔力吧！

第十周：完成作品集的制作

内容：完成作品集。包括：灵感来源看板、款式图、效果图、面料小样与服装照片等。

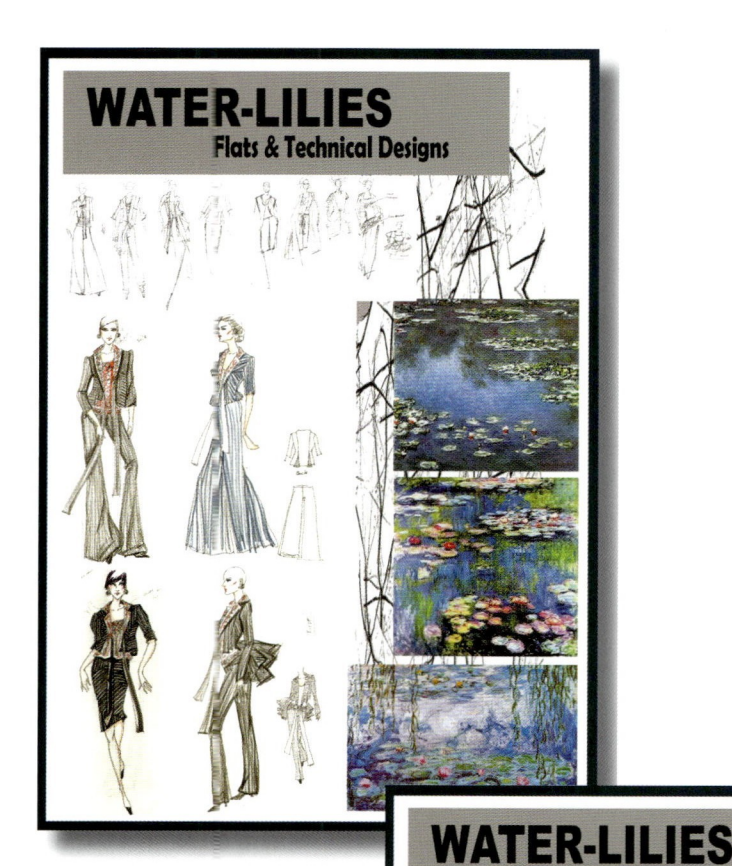

服装效果图除了最后绘制的精美效果图之外，也可加入最初的草图设计以及设计过程中所绘制的效果图，版式设计要符合作品主题，突出设计内容

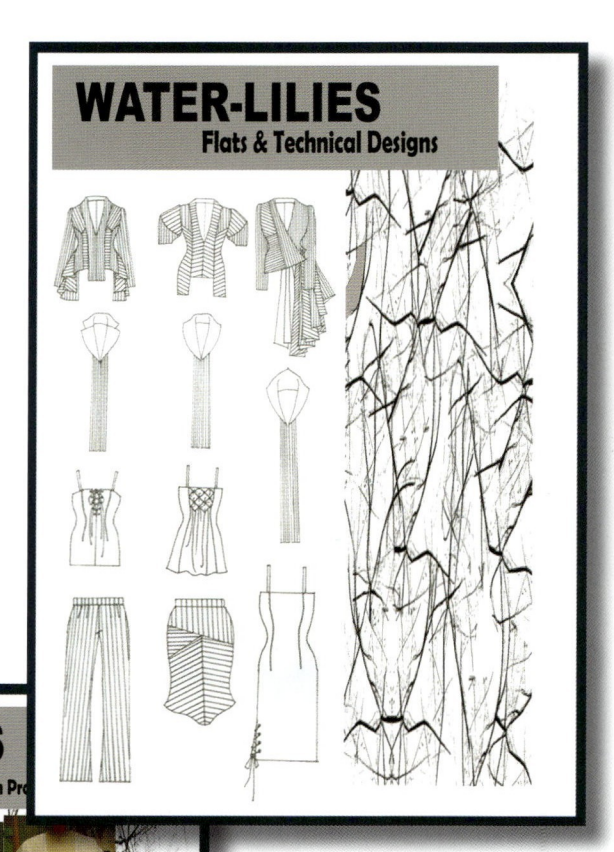

详细绘制服装款式图。如有需要可绘制背面款式图。美国常用绘制款式图的电脑软件为奥多比公司的软件（Adobe Illustrator）

在最后的作品集准备阶段，为丰富作品集内容，可适当增加服装制作过程的图片，展示制作工艺的技巧和能力

141

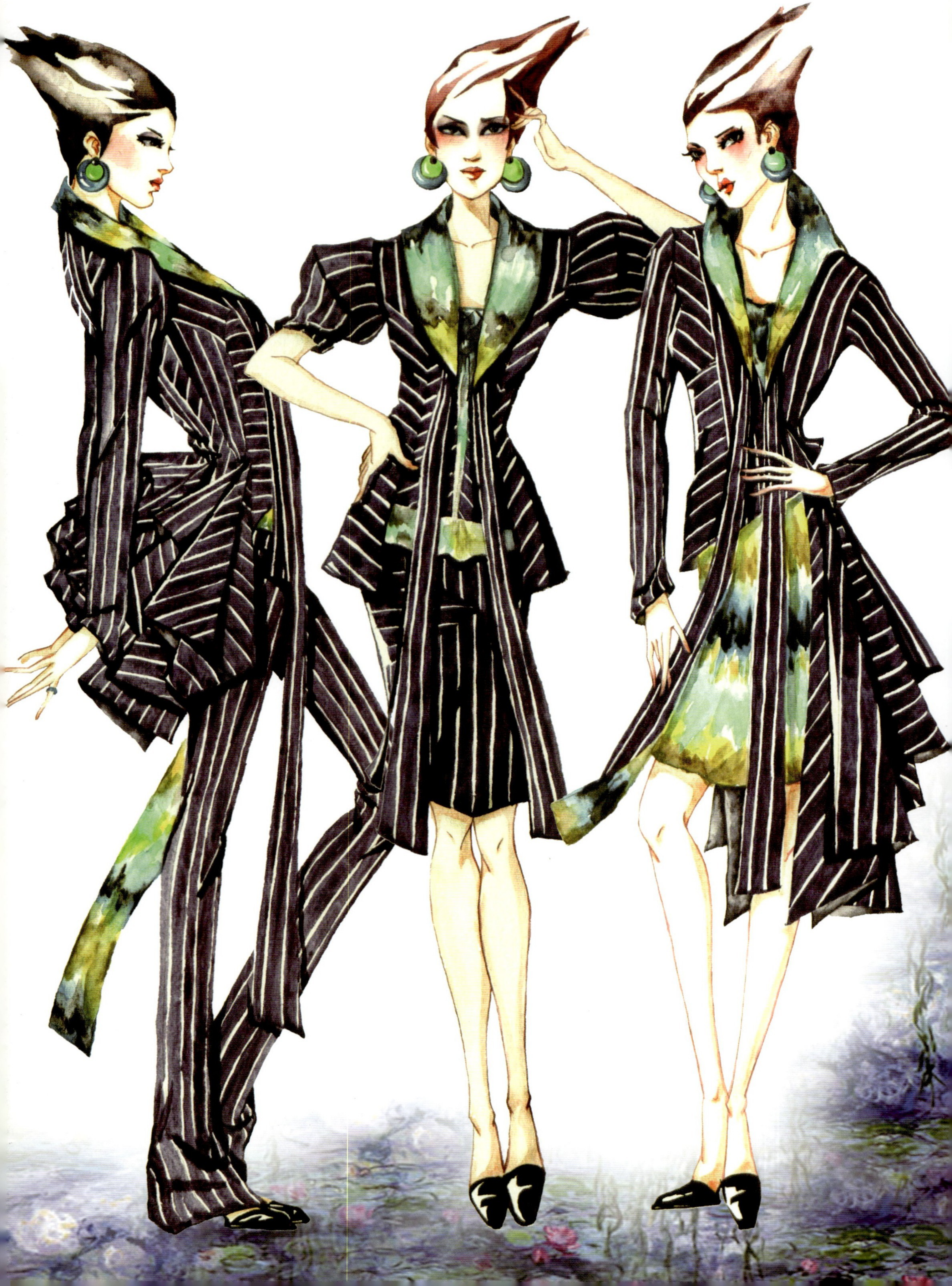

该系列作品参加了2007年在美国迈阿密举办的国际时尚艺术大赛（International Arts of Fashion Competition）并入围总决赛。

左图为参赛的服装效果图。正式决赛中选取其中两套做成实物参赛。

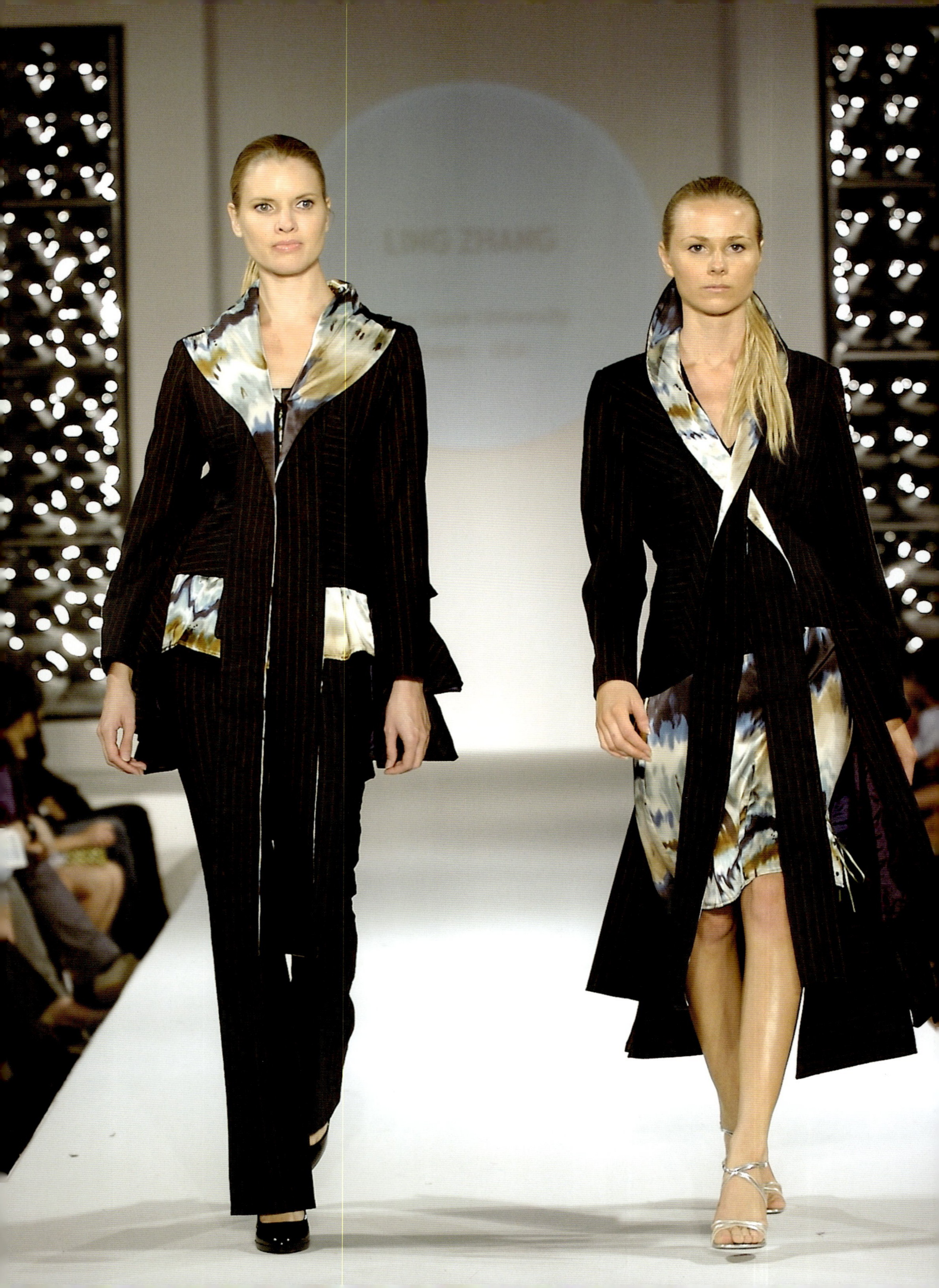

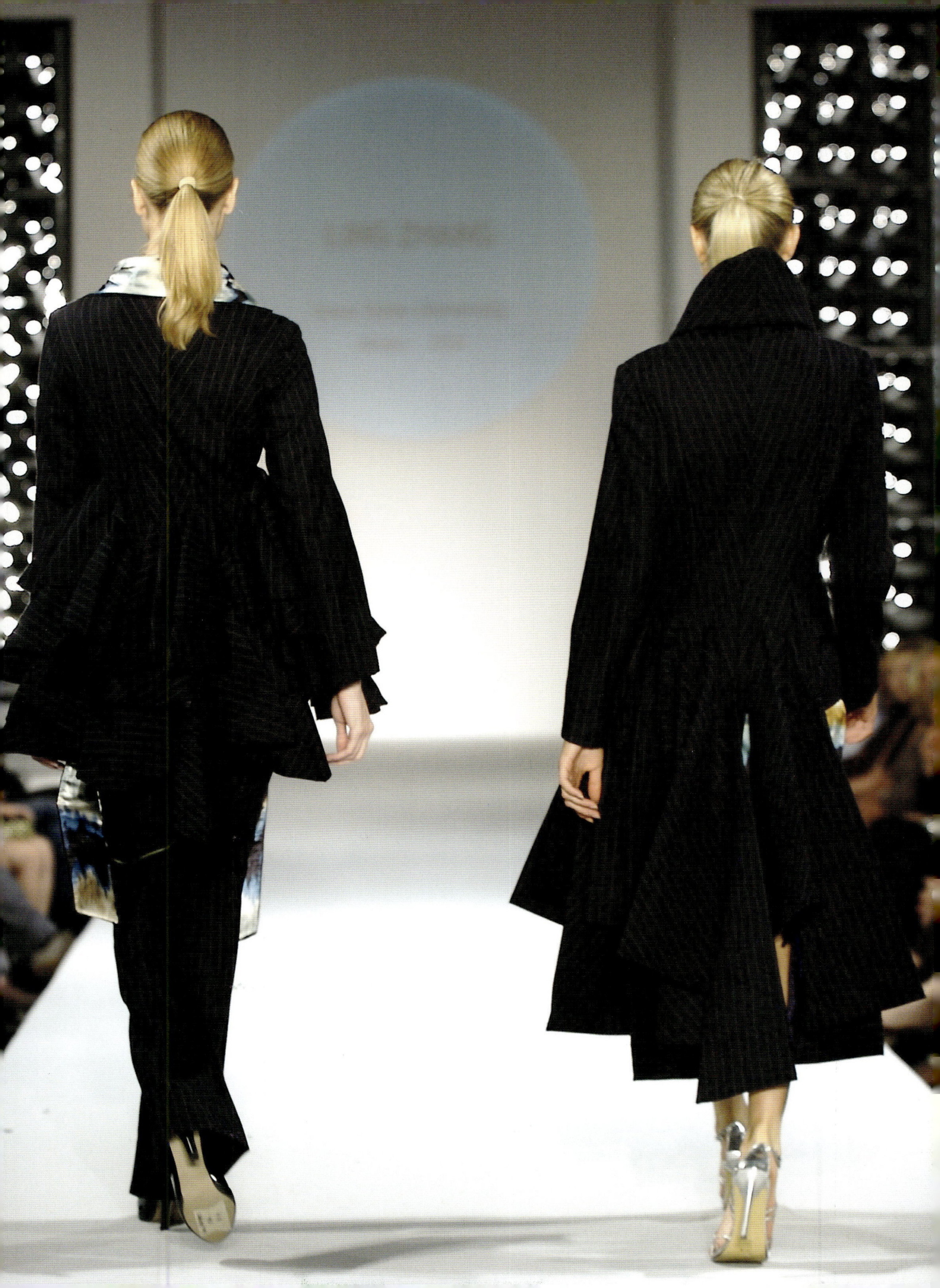

国际赛事介绍

时尚艺术基金会
（Arts of Fashion Foundation）

国际时尚艺术大赛（International Arts of Fashion Competition）

http://www.arts-of-fashion.org

　　创建于2001年的时尚艺术基金会是连接学术界与服装业界的一个桥梁。其举办的时尚艺术大赛最初在1982年于日本举办，之后大赛每年在美国不同的城市举办。2007年时尚艺术大赛由美国境内大赛发展成为一项国际设计大赛（International Arts of Fashion Competition）。仅2010年就有来自26个国家82所学校的学生参加比赛。

　　决赛历时一周，其中包括讲座、专业会议、高级设计课程、服装表演以及获奖者的庆祝活动等。

　　大赛每年推出一个主题，并分为配饰（Accessories）与服装（Fashion）两大部分进行评比。

- 初赛所需提交的内容（每年具体要求会有所调整，以当年官网要求为准）：
  每项要求需打印在210mm×297mm（A4）的纸上。
* 3套服装的效果图或设计计划（3 Illustrations or Plan of Collection）。
* 每套服装分别绘制于单张纸上（One Page of Each Illustration）。
* 平面款式图或结构图（Flats/Technical Designs）。
* 面料小样（Fabric Swatches）。
* 主题创意板。
* 设计作品介绍（The Wriiten Concepts. Maximum 100 Words）。
* 个人简介（Resume of The Applicant）。
* 学生证复印件（Photocopy of Current Student ID）。

　　注：所有文字及标注均需使用英文
- 作品进入决赛之后选取其中两套制作出实物，于指定日期之前将所有服装及配饰邮寄到组委会指定地址即可。
- 决赛期间的活动向所有学校的学生和教师开放，如有机会参加将是一个与业内设计师、教授和其他学校的学生交流的很好的机会。

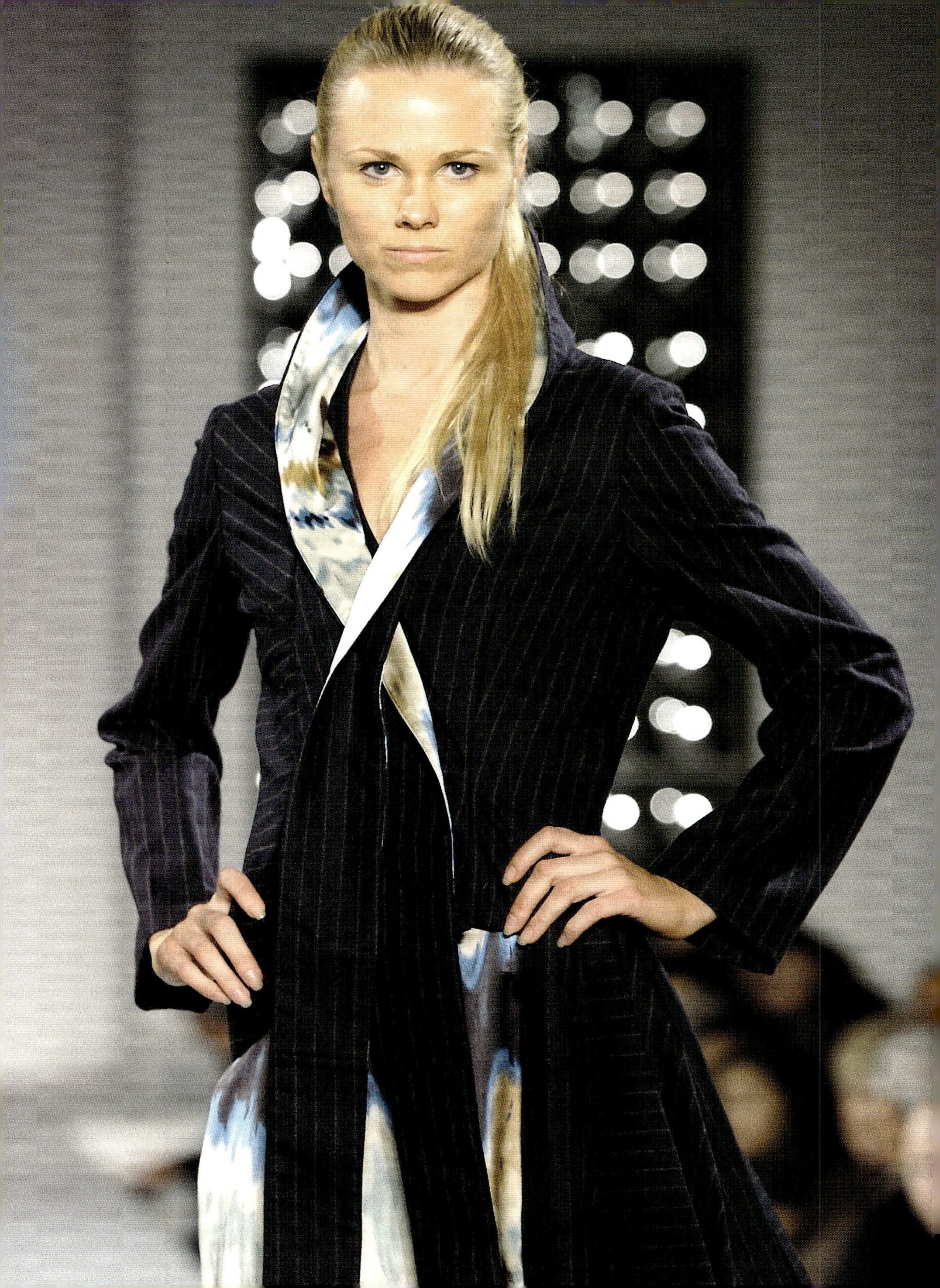

附录

美国服装与艺术类博物馆及网址

American Textile History Museum　www.athm.org

Museum at the Fashion Institute of Technology　www.fitnyc.edu/museum

The Museum of Modern Art　www.MoMA.org

Los Angeles County Museum of Art　www.lacma.org

The Metropolitan Museum of Art　www.metmuseum.org

Museum of the City of New York　www.mcny.org

The Textile Museum　www.textilemuseum.org

Museum of Fine Arts　www.mfa.org

USEFUL RESOURCES

设计师及服装品牌网址

Alexander McQueen
www.alexandermcqueen.com

Dior
www.dior.com

Dolce & Gabbana
www.dolcegabbana.com

Givenchy
www.givenchy.com

Balenciaga
www.balenciaga.com

Cathy Pill
www.cathypill.com

Christian Wijnants
www.christianwijnants.be

Clare Tough
www.claretough.co.uk

Jean-Pierre Braganza
www.jeanpierrebraganza.com

Louis Vuitton
www.louisvuitton.com

Marc by Marc Jacobs
www.marcjacobs.com

Marios Schwab
www.mariosschwab.com

Peter Jensen
www.peterjensen.co.uk

流行预测网址

www.wgsn.com

www.vogue.com

www.catwalking.com

www.modeinfo.com

www.edelkoort.com

www.magiconline.com

www.trendwatching.com

www.wwd.com

149

附录

时尚杂志及网址

Elle   www.elle.com

In Style   www.instyle.com

Surface   www.surfacemag.com

Oyster   www.oystermag.com

Vogue   www.vogue.com

Textile review   www.textilereview.com/magazine_reviews.htm

W   www.wmagazine.com

WWD Women's Wear Daily   www.wwd.com

Fashion Theory: The Journal of Dress, Body and Culture   www.bergpublishers.com

GQ   www.gq.com

Bazaar   www.harpersbazaar.com

USEFUL RESOURCES

国外服装院校及网址

美国（United States）
Iowa State Univeristy www.iastate.edu
Academy of Art University www.academyart.edu
Miami International University of Art & Design www.artinstitutes.edu/miami
Parsons the New School for Design www.parsons.newschool.edu
Fashion institute of Technology www.fitnyc.edu
Pratt Institute www.pratt.edu
School of the Art Institute of Chicago www.saic.edu

英国（United Kingdom）
Central Saint Martins College of Art and Design www.csm.arts.ac.uk
London College of Fashion www.fashion.arts.ac.uk
Royal College of Art www.rca.ac.uk
University of Westminster www.wmin.ac.uk
University for the Creative Arts www.ucreative.ac.uk

法国（France）
Les Ecoles de la Chambre Syndicale Parisienne www.modeaparis.com
ESMOD International www.esmod.com

意大利（Italy）
Istituto di Moda Burgo www.imb.it
Istituto Marangoni www.istitutomarangoni.com
Koefia International Academy of Haute Couture and Art of Costume www.koefia.com

后记

2011年伊始，书稿终于完成。在成书的这一年中书稿几经修改，不断地丰富内容，收集更适合书中的内容、最新发布的服装设计图片，力求给读者提供最新鲜的一手资料。每天除工作之外的时间都奉献给了这本书，辛苦之余，更多的则是快乐和成书后的成就感。

写书的一年当中，我不断地回忆起在爱荷华州立大学读研的日子。那是一段非常辛苦但是终身受益的经历。除了助教的工作还要完成自己的学业，每天至少14个小时的工作量，大量地阅读、不间断地思考。我如饥似渴地学习着，不断吸取着来自各方面的资讯和文化讯息，期间有泪水也有欢笑，两年中完成的近30余件服装都是自己一针一线的心血之作，终于在毕业时为学校也为自己交了一份满意的答卷。这本书与其说是一本工具书，不如说是我对在美国这些年学习、工作的一个总结。

在此，特别感谢刘元风老师在百忙之中为本书写序，十年之后与老师的再次见面感触颇深。也特别感谢我的研究生导师简·帕森斯（Jean Parsons）教授为我写序。在我读研期间，教授对我的启发与指导使我获益良多。书中四个实录均为她的设计课程，我的设计作品也都经她精心地指导，方可达到如此效果。感谢北京服装学院的张玉祥老师在我成书过程中对我的无私帮助。还要感谢中国纺织出版社的编辑们，是她们的鼓励和帮助才能有现在的这本书。我还要感谢我的父母，是他们对我从小的培养和熏陶才使我走上这条艺术之路。感谢我的先生对我的宠爱和在我求学期间对我的帮助。

如今回头再看看学生时代的作品，当中有很多不足之处和许多的遗憾。希望通过我的拙作能为国内的同行和学习服装设计的学生们提供一个新的视野和学习渠道。也希望与广大读者交流，得到您的批评指正，我将衷心感谢！

张玲

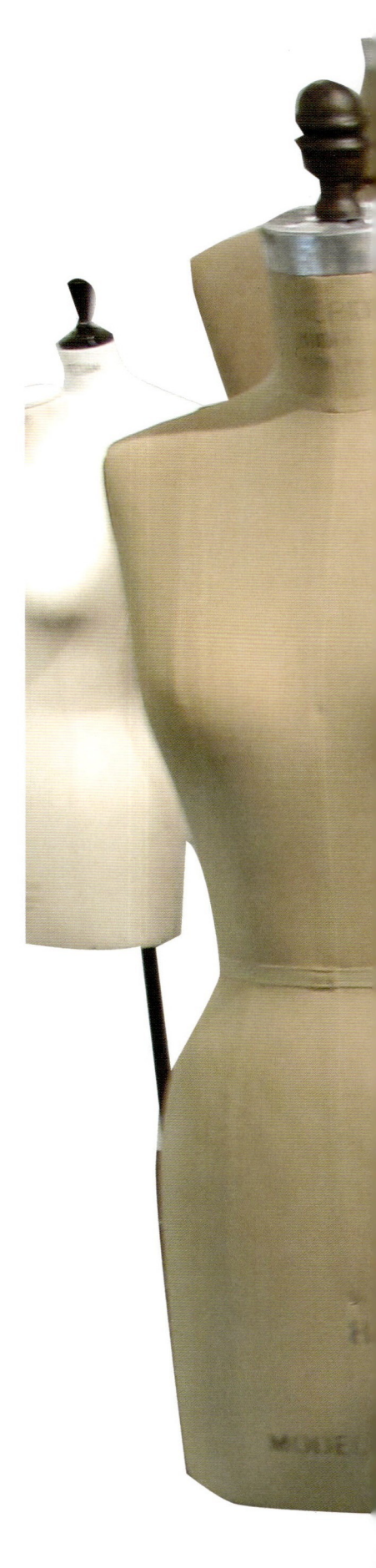

40

MODEL 1958

中国纺织出版社图书推介： 服装设计

《时装设计元素：款式与造型》
作者：西蒙·卓沃斯-斯宾塞
　　　瑟瑞达·瑟蒙 著
　　　董雪丹 译
定价：49.80元

《时装设计元素：拓展系列设计》
作者：【英】艾丽诺·伦弗鲁
　　　【英】科林·伦弗鲁 著
　　　袁燕 张雅毅 译
定价：49.80元

《时装设计元素：结构与工艺》
作者：【英】安妮特·费舍尔 著
　　　刘莉 译
定价：49.80元

《时装设计元素：调研与设计》
作者：森马·塞维瑞特 著
　　　袁燕 肖红 译
定价：49.80元

《时装设计元素：时装画》
作者：约翰·霍普金斯 著
　　　沈琳琳 崔荣荣 译
定价：49.80元

《时装设计元素：面料与设计》
作者：杰妮·阿黛尔 著
　　　朱方龙 译
定价：49.80元

《时装·品牌·设计师——从服装设计到品牌运营》
作者：【英】托比·迈德斯 著
　　　杜冰冰 译
定价：42.00元

《时装设计元素》
作者：理查德·索格（Richard Sorger）
　　　杰妮·阿黛尔（Jenny Udale）
　　　袁燕 刘驰 译
定价：48.00元

《时装设计》
作者：索恩·詹凯恩·琼斯 著
　　　张翎 译
定价：58.00元

"国际服装丛书·设计"丛书涵盖时装设计的主要元素。被英国曼彻斯特大学、英国皇家学院在内多家服装学院定为专业教材，获国内外多家服装院校师生及专家好评。

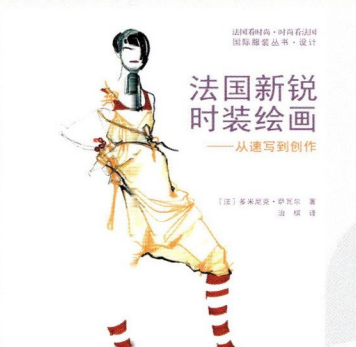

《法国新锐时装绘画-从速写到创作》
作者：【法】多米尼克·萨瓦尔 著
定价：49.80元

本书是一本时尚插图的教学书，作者的写作灵感缘起于二十多年来在夏尔东·萨瓦尔（Chardon Savarc）画室上素描、观察和插图课的经验，他总结的独特教学法旨在开发学生的创作能力，而这种教学法又同时基于两种思想：口述的和解析的、感官的和直观的。

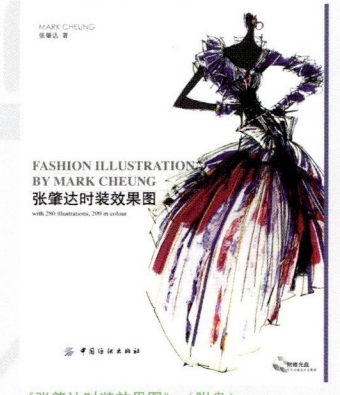

《张肇达时装效果图》（附盘）
作者：张肇达 著
定价：68.00元

以不同系列、不同风格、不同主题的精美时装效果图做为全书的核心内容，并以或飘洒或奔放的水墨画与油画穿插其间。既展示了作者张肇达大师自身深厚的艺术功底与丰富的艺术感觉，又带给读者完美的视觉享受与难得的艺术熏陶。

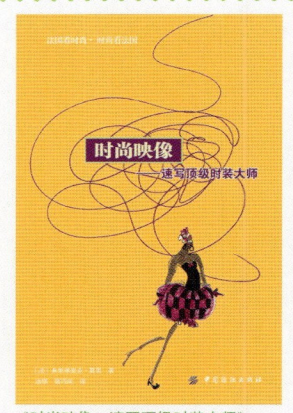

《时尚映像：速写顶级时装大师》
作者：【法】弗里德里克·莫里 著
定价：68.00元

一幅幅彩色速写图和设计手稿、一张张请柬所勾勒出的就是一位时尚痴迷者的心路历程。从20世纪70年代的成衣先驱（让-夏尔·德卡斯特巴加、丹尼尔·赫施特以及让·布甘）到今天的新兴才俊（约翰·加里亚诺、马克·雅各布斯、阿贝尔·艾尔巴兹和尼古拉·盖斯基耶），弗里德里克·莫里罗织的都是最伟大的时尚创造者。

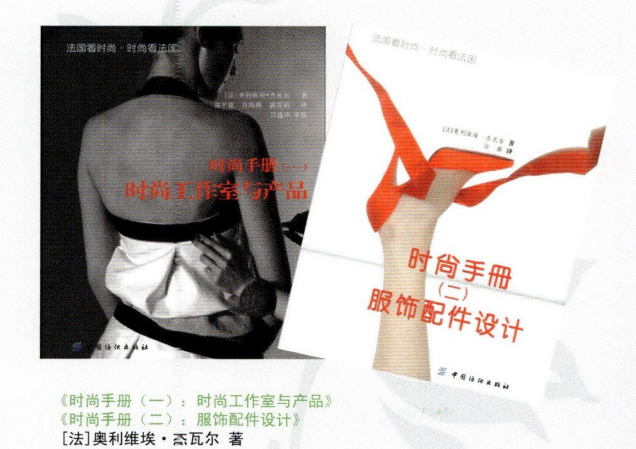

《时尚手册（一）：时尚工作室与产品》
《时尚手册（二）：服饰配件设计》
[法]奥利维埃·丕瓦尔 著
定价：58.00元

《实现设计：服装造型工艺》
作者：周少华 著
定价：48.00元

本书通过文字说明、图片与案例分析，对实现设计——服装造型工艺操作流程进行了专业的讲解。通过实例对设计创作中的主体思维转换、面料选择、工艺细节处理、方法实施及拓展逐步进行分析。

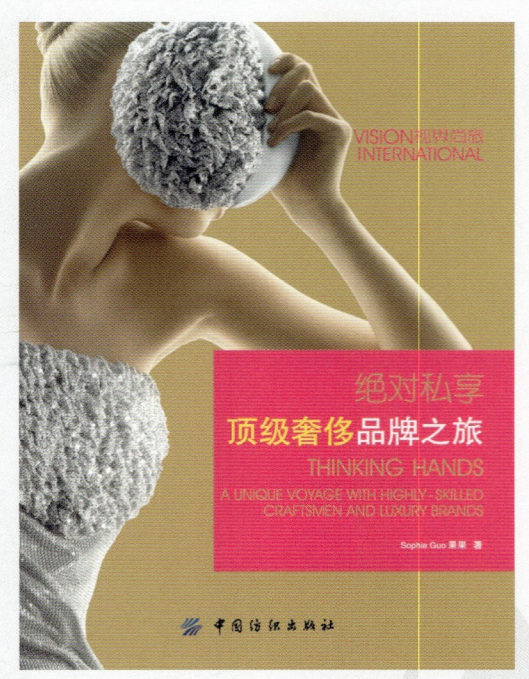

中国纺织出版社图书推介： 时尚话题

《绝对私享——顶级奢侈品牌之旅》
作者：果果 著
定价：39.80元

本书记录了作者旅欧期间，亲临各大高级手工定制坊的所见所闻。这些品牌包括我们所熟知的卡地亚、爱马仕、施华洛世奇等，也有我们并不熟悉的都幕、百乐、野牛等等。

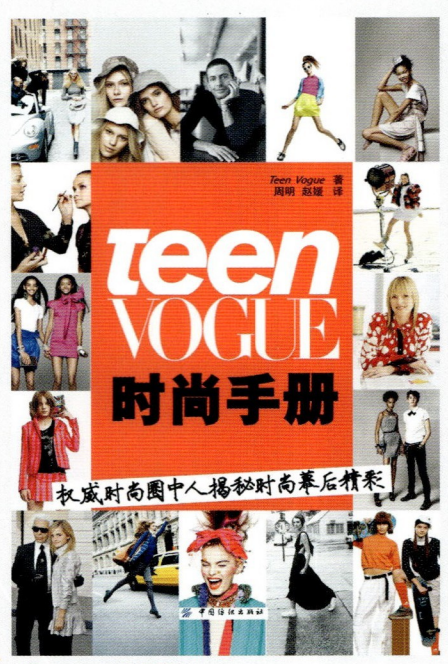

《Teen vogue 时尚手册》
Teen Vogue杂志 著
定价：68.00元

本书是Teen Vogue杂志推出的，一本写给那些立志要闯入时尚业的年轻人看的书，书中收录了包括卡尔·拉格菲尔德、麦克·雅各布，还有电影《穿普拉达的女王》（The Devil Wears Prada）的原型安娜·温图尔，本书由Teen Vogue主编亲自作序，这些时尚大腕们提供了自己的宝贵经验和建议。

《时尚实验室：西蔓服饰&色彩趋势搭配全案》 日本色研事业株式会社 著 北京西蔓色彩文化发展有限公司 西蔓色研中心 编译 定价：38.00元

一年两期，与日本同期出版，全面诠释世界最前沿的时尚色彩与搭配流行趋势。